全国高等职业学校电类专业

模拟电子技术（第三版）习题册

何薇　主编

中国劳动社会保障出版社

简　介

本习题册为全国高等职业学校电类专业教材《模拟电子技术（第三版）》的配套用书。本习题册按照教材模块顺序编写，内容紧扣教学要求，知识点分布均衡，题型丰富多样，习题难易适中，有助于学生复习巩固所学知识。

本习题册由何薇任主编，唐培林任副主编，魏敏、刁红艳、蒋莉莉、秦珊珊参加编写；肖俊任主审。

图书在版编目（CIP）数据

模拟电子技术（第三版）习题册 / 何薇主编. 北京：中国劳动社会保障出版社，2024. --（全国高等职业学校电类专业）. -- ISBN 978-7-5167-6542-5

Ⅰ. TN710-44

中国国家版本馆 CIP 数据核字第 2024SF8165 号

中国劳动社会保障出版社出版发行

（北京市惠新东街 1 号　邮政编码：100029）

*

北京鑫海金澳胶印有限公司印刷装订　　新华书店经销

787 毫米×1092 毫米　16 开本　5.5 印张　121 千字

2024 年 7 月第 1 版　　2024 年 7 月第 1 次印刷

定价：11.00 元

营销中心电话：400-606-6496

出版社网址：http://www.class.com.cn

http://jg.class.com.cn

目录

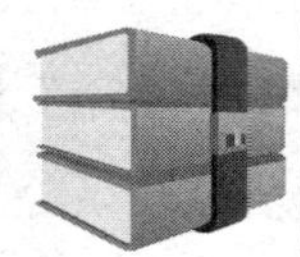

模块一 二极管及其应用

课题一 二极管的识别与检测

一、填空题

1. 常见的二极管封装方式有__________、__________、____________和__________等。不同外形的二极管都有两个电极，分别是______极和______极。

2. P 型半导体主要靠_________导电，N 型半导体主要靠___________导电。

3. PN 结具有_____________性，即加正向电压时，PN 结___________；加反向电压时，PN 结_____________。

4. 硅二极管导通时的正向管压降约为______V，锗二极管导通时的正向管压降约为______V。

5. 二极管按所用材料不同，分为________二极管和________二极管；按内部结构不同，分为___________二极管、___________二极管和___________二极管等。

6. 二极管的主要参数有________________、________________、________________和________________。

7. 2AP 是________材料的________二极管；2CZ 是________材料的____________二极管；2DW 是________材料的________二极管；2BK 是________材料的________二极管。

8. 电路中流过二极管的正向电流过大，二极管将会________；如果加在二极管两端的反向电压过高，二极管会__________。

9. 有一锗二极管的正、反向电阻均接近于零，表明该二极管已__________；有一硅二极管的正、反向电阻均接近于无穷大，表明该二极管已____________。

10. 二极管替换应遵循“____________、____________、____________”的原则。

11. 二极管的极性可根据外形识别，带色环的一端是二极管的______极，带螺栓的一端是二极管的______极，发光二极管中管脚较短的一端是______极。

二、判断题

1. PN 结正向偏置时电阻小，反向偏置时电阻大。 (　　)

2. 二极管是线性元件。（　　）

3. 不论是哪种类型的二极管，其正向管压降都在0.3 V左右。（　　）

4. 硅二极管的正向管压降比锗二极管的正向管压降大。（　　）

5. 二极管加正向电压一定导通。（　　）

6. 二极管加反向电压一定截止。（　　）

7. 二极管一旦反向击穿就一定损坏。（　　）

8. 二极管的反向饱和电流越大，其质量越高。（　　）

9. 当反向电压小于反向击穿电压时，二极管的反向电流很小；当反向电压大于反向击穿电压后，其反向电流迅速增大。（　　）

10. 用数字式万用表测试二极管时显示“000”，说明该二极管内部开路。（　　）

三、选择题

1. 半导体中传导电流的载流子是（　　）。

A. 电子　　B. 空穴　　C. 电子和空穴

2. PN结的主要特性为（　　）。

A. 正向导电特性　　B. 单向导电性　　C. 反向击穿特性

3. 二极管的正向电阻远（　　）反向电阻。

A. 大于　　B. 小于　　C. 无法确定

4. 把一只二极管直接与一个电动势为1.5 V、内阻为0的电池正向连接，则该二极管（　　）。

A. 击穿　　B. 电流为0

C. 电流正常　　D. 电流过大使管子烧坏

5. 用万用表直流电压挡分别测出VD1、VD2和VD3正极与负极对地的电位，如图1－1所示，则VD1、VD2和VD3的状态为（　　）。

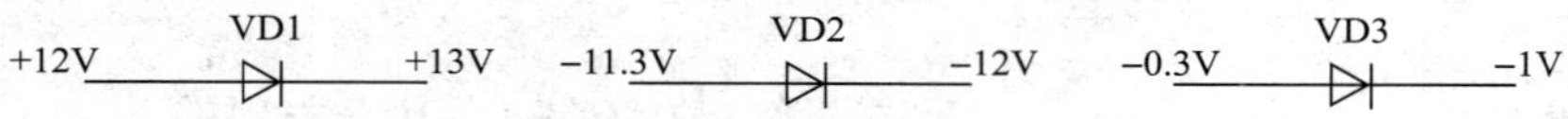

VD1: +12V —▷|— +13V　　VD2: −11.3V —▷|— −12V　　VD3: −0.3V —▷|— −1V

图1－1

A. VD1、VD2和VD3均正偏

B. VD1反偏，VD2和VD3正偏

C. VD1和VD2反偏，VD3正偏

D. VD1、VD2和VD3均反偏

6. 当硅二极管加上0.4 V正向电压时，该二极管相当于（　　）。

A. 阻值很小的电阻　　B. 阻值很大的电阻

C. 短路

7. 测量小功率二极管的好坏时，一般把万用表电阻挡拨到（　　）挡。

A. R×100　　B. R×10　　C. R×10 k　　D. R×1

8. 用万用表“R×1 k”电阻挡判别二极管的管脚，在测量二极管正、反向电阻时，指针偏转很大的那次红表笔所接为（　　）。

A. 正极　　B. 负极　　C. 无法确定

9. 不能用万用表“R×10 k”电阻挡测量二极管的主要原因是该挡位（　　）。

A. 电源电压过高，易使二极管击穿

B. 电流过大，易使二极管烧毁

C. 内阻太小，易使二极管烧毁

10. 用万用表“R×100”电阻挡测试二极管，如果二极管（　　），说明二极管是好的。

A. 正、反向电阻都为零

B. 正、反向电阻都为无穷大

C. 正向电阻为几百欧，反向电阻为几百千欧

11. 用数字式万用表测试二极管时显示 0.150～0.300 V，则该二极管（　　）。

A. 为锗管　　B. 短路　　C. 开路　　D. 为硅管

12. 用数字式万用表测试二极管时显示 0.550～0.700 V，则该二极管（　　）。

A. 为锗管　　B. 短路　　C. 开路　　D. 为硅管

13. 在测量二极管正向电阻时，用不同的电阻挡测量一只正常二极管的正向电阻，其读数（　　）。

A. 相同　　B. 不同　　C. 可能相同也可能不同

四、综合题

1. 二极管外加正向电压是不是一定导通？为什么？二极管外加反向电压是不是一定截止？为什么？

2. 在图 1－2 所示的电路中，哪些灯泡可能会亮？

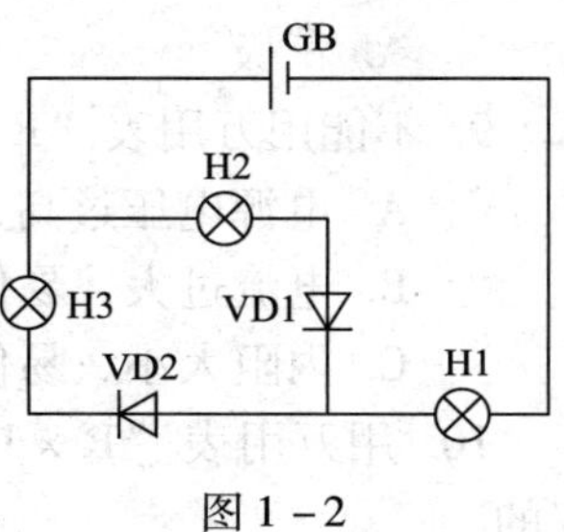

图 1－2

3. 在图 1－3 所示的电路中，设二极管都是理想二极管，即正向导通时其正向压降为零，反向截止时其反向电流为零。判断各二极管是导通还是截止，并求 U_{AB} 的值。

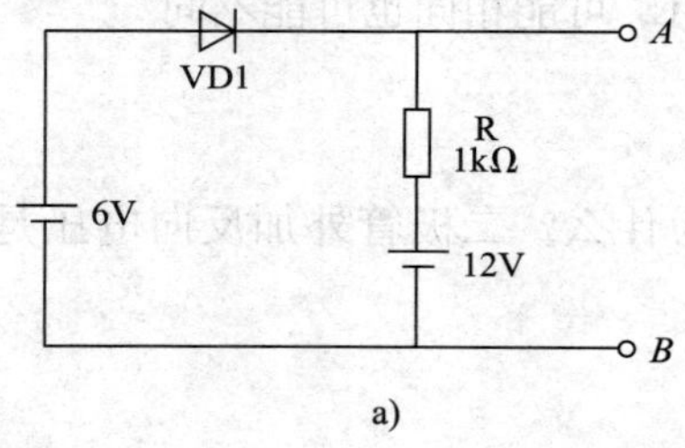

a)

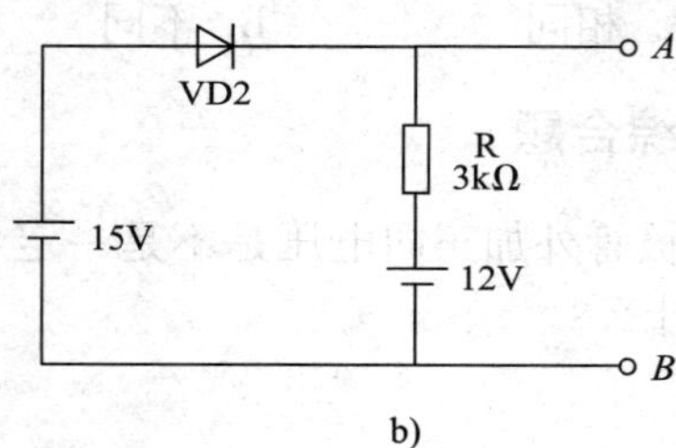

b)

图 1－3

4. 为避免磁电式电表的表头因接错直流电源极性或通过电流太大而损坏，常在表头处串联或并联一只二极管，如图 1 - 4 所示。为什么说这两种接法的二极管都能对表头起保护作用？

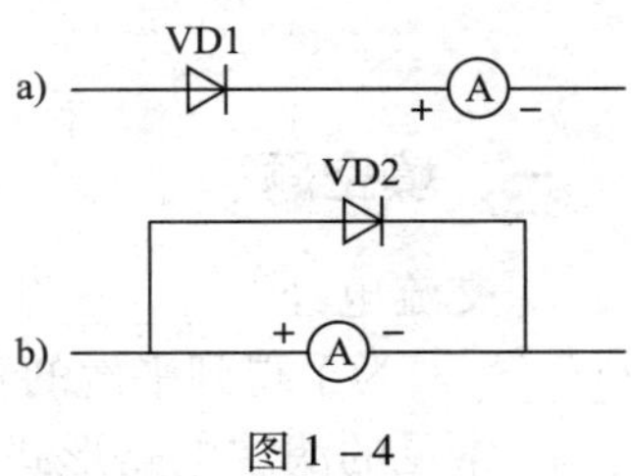

图 1 - 4

5. 写出下列二极管型号所表示的含义。

2CZ83：________________________________。

2CW55：________________________________。

2DK14：________________________________。

6. 用万用表的“R×1 k”电阻挡测得某二极管的正向电阻为 200 Ω，若改用“R×100”电阻挡测同一只二极管，则测得的结果将比 200 Ω 大还是小，还是正好相等？为什么？

课题二　整流滤波电路的安装与检测

一、填空题

1. 交流电经________后转换为脉动直流电，其中还含有较大的________成分，俗称________。为了得到平滑的直流电，必须在整流电路之后接入________电路。

2. 常见的滤波电路形式有________滤波电路、________滤波电路和________滤波电路等。

3. 在滤波电路中，滤波电容与负载________，R_L 和 C 值越________，电容放电越______，输出直流电压平均值越________，滤波效果也越________。

4. 当滤波电容较大时，在接通电源的瞬间会有很大的充电电流，称为__________电流。电容滤波适用于负载电流较______且变化不______的场合。

5. 电感的基本性质是当流过它的电流发生________时，电感线圈中产生的________将阻碍电流的________。在滤波电路中，滤波电感与负载________。

6. 当单独使用电容或电感进行滤波效果仍不理想时，可采用______滤波电路。电容和电感是基本的________元件，利用它们对直流量和交流量呈现不同____________的特点，只要合理地接入电路就可以达到滤波的目的。

7. LC 型滤波电路带负载能力______，在负载______时，输出电压比较________；又由于滤波电容接在______之后，可以使整流二极管____________大大减小。

8. 利用滤波电容的电能______作用，由多个______和______可以组成倍压整流电路，从而获得______于输入电压的输出电压。

二、判断题

1. 在半波整流滤波电路中，整流二极管在交流电一个周期内导通半个周期。（　　）

2. 在电容滤波电路中，负载电阻越小，输出电压波形越平滑。（　　）

3. 全波整流滤波电路一个周期内对滤波电容充、放电两次，使输出电压波形更加平滑。（　　）

4. 电感滤波电路输出电压高，脉动小。（　　）

5. 在电感滤波电路中，电感量越大，滤波效果越好。（　　）

6. 在电容滤波电路中，滤波电容的容量太大可能损坏整流二极管。（　　）

7. 在电容滤波电路输出电压波形中，脉动的大小将随着负载电阻和滤波电容的增加而减小。（　　）

8. 单相桥式整流电路采用电容滤波后，每只整流二极管承受的最高反向工作电压减小。（　　）

9. 电解电容作为滤波电容接入电路时，不用考虑正、负极性。（　　）

10. 若电源变压器二次电压有效值相同，则单相半波整流电容滤波电路输出的直流电压是单相桥式整流电容滤波电路输出直流电压的一半。（　　）

三、选择题

1. 整流电路后面接入滤波电路的目的是（　　）。

   A. 去除直流电中的脉动成分

   B. 将高频变成低频

   C. 将正弦交流信号变成矩形脉冲

   D. 将直流电变成交流电

2. 滤波电路都是利用滤波元件的（　　）特性实现滤波的。

   A. 延时　　B. 稳压

   C. 降压　　D. 储能

3. 在单相半波整流电路中，若电源变压器二次电压的有效值为 50 V，则负载两端电压的平均值约为（　　）V。

   A. 25　　B. 30　　C. 45　　D. 22.5

4. 要使电容滤波电路的输出电压波形平滑，可以（　　）滤波电容的容量。

   A. 减小　　B. 保持　　C. 增加　　D. 去除

5. 单相桥式整流电路中选用整流二极管时，最高反向工作电压应大于输入电压的（　　）倍。

   A. 1　　B. $\sqrt{2}$　　C. 2　　D. $2\sqrt{2}$

6. 单相桥式整流电路工作时，总有（　　）只整流二极管截止。

   A. 1　　B. 2　　C. 3　　D. 4

7. 在单相桥式整流电容滤波电路中，若电源变压器二次电压的有效值为 50 V，则负载两端电压的平均值约为（　　）V。

   A. 70　　B. 60　　C. 45　　D. 22.5

8. 在单相半波整流电容滤波电路中，若电源变压器二次电压的有效值为 50 V，则负载两端电压的平均值约为（　　）V。

   A. 25　　B. 30　　C. 45　　D. 50

9. 单相桥式整流电感滤波电路的输出电压平均值等于输入电压的（　　）倍。

   A. 0.45　　B. 0.9　　C. 1　　D. 1.2

10. 选择单相桥式整流电容滤波电路中的电容时，主要应考虑电容的（　　）。

    A. 容量　　B. 额定电压

    C. 容量和额定电压　　D. 偏差

四、综合题

1. 在电路板上，有 4 只二极管按图 1－5 所示排列，试将它们接成桥式整流电路，要求接线简洁、整齐。

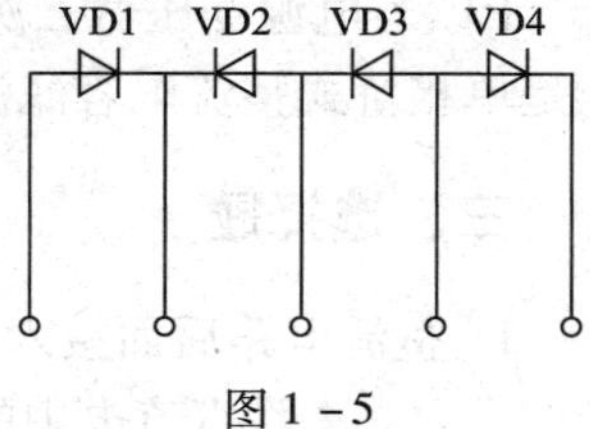

图 1－5

2. 单相桥式整流电容滤波电路如图 1－6 所示，要求输出电压 U_o为 24 V，输出直流电流为200 mA。

（1）电解电容 C 的极性如何？

（2）变压器二次电压的有效值 U_2应为多大？

（3）电解电容 C 至少应选多大数值？

（4）整流二极管的最大整流电流和最高反向工作电压应如何选择？

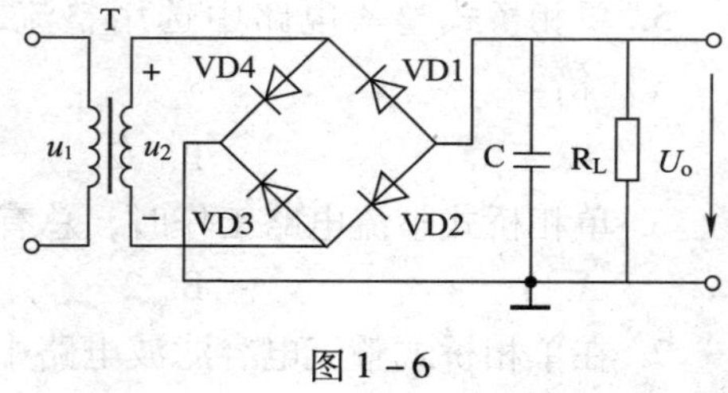

图 1－6

3. 在一单相桥式整流电容滤波电路中，变压器二次电压的有效值 $U_2=40$ V，试分析并判断 U_o为 36 V、48 V、56.6 V 的情况下电路是否发生了故障。若有故障，可能是哪些元件损坏引起的？

课题三　整流滤波电路的仿真分析

一、填空题

1. Multisim 仿真软件是分析和设计____________的有力工具，它可以采用虚拟的________搭建各种电路模型，用虚拟的__________进行各种参数和性能指标的测试。

2. “元器件”工具栏按类型不同提供电路设计所需的全部________。“仪表”工具栏提供________、________所需的各种仪器、仪表。

3. 连接电路时，将鼠标移至所要连接元器件的________上，鼠标指针就会变成中间有黑点的________，单击鼠标并移动，就会拖出一根________，移动到所要连接元器件的引脚，再次单击鼠标，连线完成。

4. 用示波器测量波形时，将 A 或 B 端口的“+”端与__________相连，“-”端与________相连。

二、判断题

1. 项目管理器主要用于创建、编辑电路图，实现仿真分析和波形显示。　（　）

2. 在二极管元器件库中可以找到型号为 1N4001 的二极管。 (　　)

3. DC_POWER代表直流电源，GROUND代表接地。 (　　)

4. 要删除电路中的连接线，需用鼠标选中该连接线，然后按 Delete 键即可。 (　　)

三、选择题

1. 图标 RESISTOR代表（　　）。

A. 电容　　B. 电感　　C. 电阻　　D. 二极管

2. 电容的图标是（　　）。

A. CAPACITOR　　B. INDUCTOR

C. POTENTIOMETER　　D. TRANSFORMER

3. 用鼠标（　　）选中元器件，可以弹出该元器件的属性对话框。

A. 单击　　B. 双击　　C. 右击　　D. 左击

4. “示波器”按钮 位于（　　）中。

A. “标准”工具栏　　B. “元器件”工具栏

C. “仪表”工具栏　　D. 菜单栏

四、综合题

1. 写出图 1－7 所示 Multisim 仿真软件用户界面中各部分的名称。

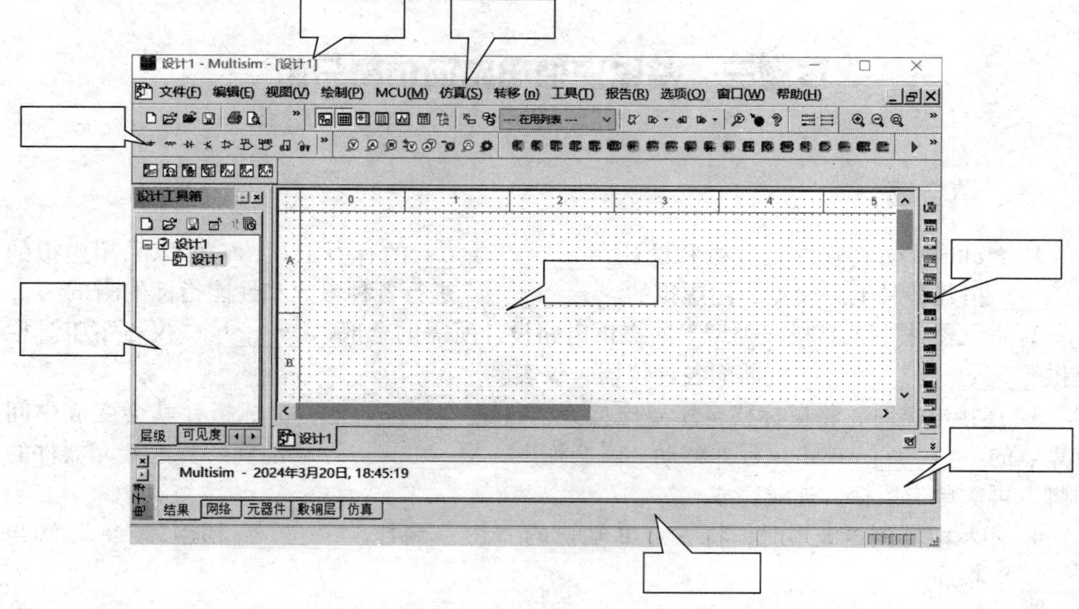

图 1－7

2. 单相桥式整流电容滤波电路中，变压器二次电压的有效值 $U_2=20$ V，负载电阻 $R_L=200\ \Omega$，滤波电容 $C=220\ \mu F$，试用 Multisim 仿真软件对该电路进行仿真测试，并在下方空白处画出相应的波形图。

（1）电路正常工作时，观察输出电压 u_o 的波形。

（2）$R_L=200\ \Omega$，调整 $C=22\ \mu F$，观察输出电压 u_o 的波形。

（3）$R_L=200\ \Omega$，将滤波电容开路，观察输出电压 u_o 的波形。

模块二　三极管和基本放大电路

课题一　三极管的识别与检测

一、填空题

1. 三极管有两个 PN 结，即____________结和____________结；对应的三个半导体区分别为____________区、____________区和____________区，从三个区引出的三个电极分别为________极、________极和________极，分别用______、______和______或______、______和______表示。

2. 某三极管的 U_{CE}不变，基极电流 $I_B = 30\ \mu A$ 时，$I_C = 1.2\ mA$，则发射极电流 I_E = ________mA。

3. 三极管电流放大的外部条件是：________结加正向偏置电压，________结加反向偏置电压。满足以上条件时，NPN 型三极管三个电极间的电位关系为：____ < ____ < ____；PNP 型三极管三个电极间的电位关系为：____ < ____ < ____。

4. 3DG56 是______材料__________型_________________三极管，3AD30C 是______材料________型______________三极管。

5. 三极管三个电极电流之间的关系式是______________________，其中______最大，______最小。

6. 当 U_{CE}不变时，___________和________之间的关系曲线称为三极管的输入特性曲线。

7. 硅三极管的开启电压约为________V，锗三极管的开启电压约为________V。三极管处于正常放大状态时，硅三极管的导通电压约为________V，锗三极管的导通电压约为________V。

8. 当三极管的发射结________，集电结________时，三极管工作在放大区；当发射结________，集电结________或________时，三极管工作在饱和区；当发射结________或________，集电结________时，三极管工作在截止区。

9. 三极管的穿透电流 I_{CEO}随温度的升高而________。

10. 三极管的极限参数分别是______________________________、________________

____________和____________________________。

11. 测得放大电路中某三极管的 $U_{BE}=0.3$ V，$U_{CE}=4$ V，可以判断该管工作在______区。

12. 在晶体三极管中，基极输入电流的大小直接影响输出电流的大小，这是一种______控制型器件。场效应管则是一种______控制型器件，它是利用输入______产生的电场效应控制输出电流的。

二、判断题

1. 三极管由两个 PN 结组成，所以可用两只二极管构成一只三极管。（　　）
2. 三极管的发射区和集电区是由同一类半导体材料（N 型或 P 型）构成的，所以集电极和发射极可以互换使用。（　　）
3. 发射结正向偏置的三极管一定工作在放大状态。（　　）
4. 发射结反向偏置的三极管一定工作在截止状态。（　　）
5. 三极管是电压放大器件。（　　）
6. 三极管放大电路中放大管的 β 值越大越好。（　　）
7. 选择三极管时，只需考虑其 $P_{CM}<I_C U_{CE}$。（　　）
8. 温度升高时，三极管穿透电流增大，三极管的工作稳定性变差。（　　）
9. 三极管工作在放大状态时，集电极—发射极电压的大小与集电极电流的大小基本无关。（　　）

三、选择题

1. NPN 型和 PNP 型三极管的区别是（　　）。

A. 组成材料不同

B. 掺入杂质不同

C. P 区和 N 区的位置不同

2. 锗低频小功率三极管的型号为（　　）。

A. 3DG　　B. 3AD　　C. 3AX　　D. 3DD

3. 关于三极管，下面说法错误的是（　　）。

A. 有 NPN 型和 PNP 型两种　　B. 有电流放大作用

C. 发射极和集电极不能互换使用　　D. 等于两只二极管的简单组合

4. 三极管电流放大的实质是（　　）。

A. 把小能量换成大能量　　B. 把低电压放大成高电压

C. 把小电流放大成大电流　　D. 用较小的电流控制较大的电流

5. 在三极管放大电路中，三极管各管脚电位最高的是（　　）。

A. NPN 管的集电极　　B. PNP 管的集电极

C. NPN 管的发射极　　D. PNP 管的基极

6. 在三极管输出特性曲线中，当 $I_B=0$ 时，I_C 等于（　　）。

A. I_{CM}　　B. I_{CBO}　　C. I_{CEO}

7. 三极管的伏安特性是指它的（　　）。

A. 输入特性　　B. 输出特性

C. 输入特性和输出特性　　D. 正向特性

8. 三极管的每一条输出特性曲线都与（　　）对应。

A. I_C　　B. U_{CE}　　C. I_B　　D. I_E

9. 满足 $I_C = \beta I_B$ 的关系时，三极管工作在（　　）区。

A. 饱和　　B. 放大　　C. 截止　　D. 击穿

10. 在一块工作在正常放大状态的电路板上，测得三极管 1、2、3 脚对地电压分别为 −10 V、−10.3 V、−14 V，可以判断该管（　　）。

A. 是 NPN 型三极管　　B. 是硅三极管

C. 1 脚是发射极

11. 三极管各电极对地电位如图 2－1 所示，工作于饱和状态的三极管是（　　）。

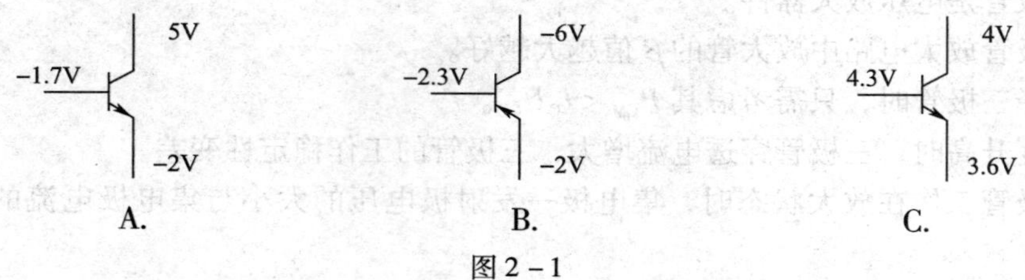

图 2－1

12. 硅材料三极管各电极对地电位如图 2－2 所示，工作于截止状态的三极管是（　　）。

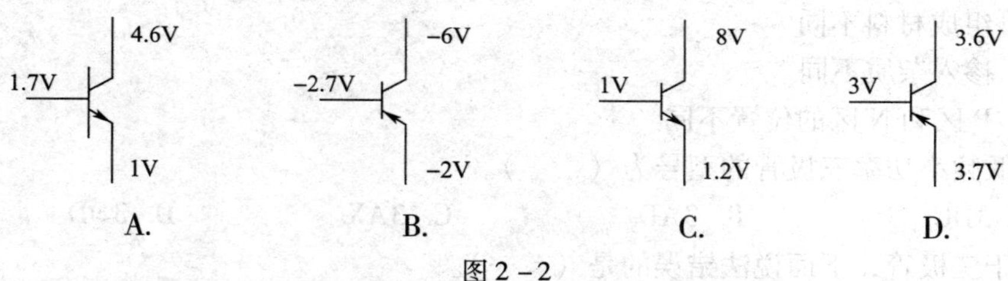

图 2－2

13. 有三只三极管，除 β 和 I_{CEO} 不同外，其他参数一样，用作放大器件时，应选用（　　）。

A. $\beta = 50$，$I_{CEO} = 0.5$ mA　　B. $\beta = 140$，$I_{CEO} = 2.5$ mA

C. $\beta = 10$，$I_{CEO} = 0.5$ mA

14. 三极管的穿透电流 I_{CEO} 大，说明其（　　）。

A. 工作电流大　　B. 击穿电压高

C. 使用寿命长　　D. 热稳定性差

15. 三极管的极限参数中，（　　）被超过时，三极管一定会被击穿。

A. 集电极最大允许耗散功率 P_{CM}　　B. 集电极最大允许电流 I_{CM}

C. 集电极—发射极间反向击穿电压 $U_{(BR)CEO}$

16. 某三极管的 $P_{CM}=100$ mW，$I_{CM}=20$ mA，$U_{BR(CEO)}=30$ V，如果将它接在 $I_C=15$ mA，$U_{CE}=20$ V 的电路中，则该管（　　）。

A. 被击穿　　　　B. 工作正常　　　　C. 功耗太大，过热甚至烧坏

17. 用万用表"R×1 k"挡测量一只正常的三极管，若用红表笔接触一个管脚，黑表笔分别接触另外两个管脚时，测得的电阻都很大，则该三极管是（　　）。

A. PNP 型　　　　B. NPN 型　　　　C. 无法确定

18. 下列情形中，（　　）说明三极管已损坏。

A. B、E 极间 PN 结正向电阻很小

B. B、C 极间 PN 结反向电阻很大

C. B、C 极间 PN 结正向电阻很小

D. B、C 极间 PN 结正、反向电阻差别不大

19. 用万用表的电阻挡来判断三极管三个管脚的方法是（　　）。

A. 先找 E 极，再找 C 极和 B 极并判定类型

B. 先找 C 极并判定类型，再找 B 极和 E 极

C. 先找 B 极并判定类型，再找 E 极和 C 极

四、综合题

1. 三极管各电极实测数据如图 2－3 所示。

（1）各三极管是 PNP 型还是 NPN 型？

（2）各三极管是锗管还是硅管？

（3）各三极管是否损坏？若有损坏，指出哪个结已开路或短路；若没有损坏，说明该管处于哪一种工作状态。

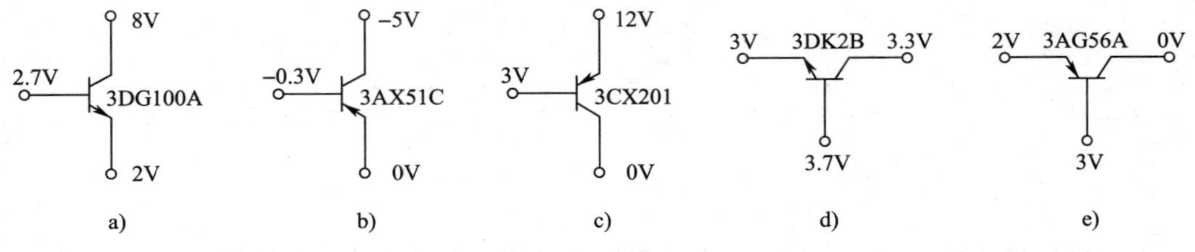

图 2－3

2. 电路如图 2－4 所示，试分别判断各电路中三极管是否有可能工作在放大状态。

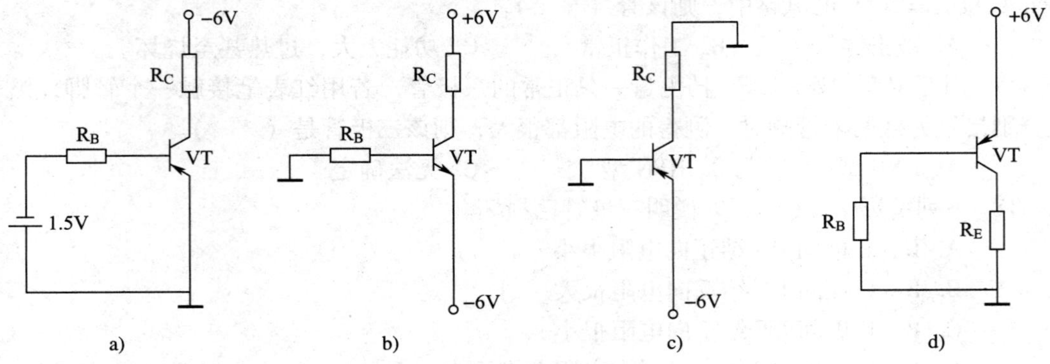

图 2－4

3. 查阅相关资料，了解表 2－1 中各型号三极管的主要参数，并填写在表 2－1 中。

表 2－1

型号	管型	材料	I_{CM}/mA	$U_{(BR)CEO}$/V	P_{CM}/mW
3AX31M					
3DG100A					
3CG100					
9012					

4. 测得放大电路中四只三极管的直流电位如图 2－5 所示，试标出管脚符号，并判断各三极管的材料和导电类型。

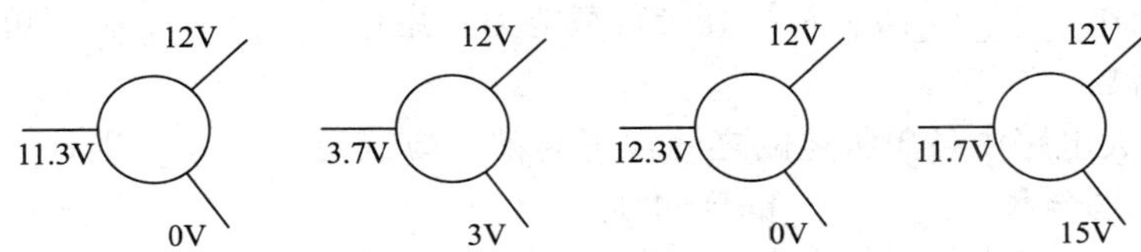

图 2－5

课题二　基本放大电路的安装与检测

一、填空题

1. 用三极管组成放大电路时，根据公共端的不同，有三种连接方法，即共________极电路、共________极电路和共________极电路。

2. 在共射极放大电路中，________极→__________极为输入回路，__________极→________极为输出回路，以________极为公共端。

3. “静态”是指放大电路的输入信号为________时的状态。

4. 利用____________通路可以估算放大器的静态工作点，利用____________通路可以估算放大电路的输入电阻、输出电阻和电压放大倍数。

5. 从放大电路输入端看进去的交流等效电阻称为放大电路的____________，从放大电路输出端看进去的交流等效电阻称为放大电路的____________。

6. 在共射基本放大电路中，用万用表测得 $U_{CE} \approx V_{CC}$，则该三极管工作于________状态；若测得 $V_B > V_E$，且 $V_B > V_C$，则该三极管工作于__________状态。

7. 影响放大电路静态工作点稳定性的因素有____________的波动、________参数变化、________变化等，其中____________的影响最大。

8. 当温度变化时，三极管的参数将发生变化，共射基本放大电路的静态工作点会________，通常采用________________________电路可以稳定静态工作点。

9. 射极输出器的输入信号是从三极管的________极与________极之间输入，从________极与________极之间输出。________极为输入与输出电路的公共端。

10. 射极输出器没有________放大作用，但仍具有________和________放大作用。

11. 射极输出器输入电阻________，用作________级，可减轻信号源的负担；输出电阻________，用作________级，可提高带负载能力；用作__________级，可以有效地提高总的电压放大倍数。

12. 多级放大电路中各单级电路之间常用的耦合方式有________耦合、__________耦合、__________耦合和__________耦合四种。

13. 多级放大电路中每级放大电路的电压放大倍数分别为 A_{u1}、$A_{u2}\cdots A_{un}$，则总的电压放大倍数 A_u = ________________________________。

14. 放大电路的电压放大倍数与频率之间的关系称为________响应，也称为________特性。它包括________特性和________特性。

15. 放大电路对不同频率信号的放大倍数不同，由此引起的失真称为________失真；由于不同频率产生不同的附加相移而引起的失真称为________失真。二者总称为__________失真。

二、判断题

1. 放大电路的静态是指未加交流信号以前的状态。 ( )
2. 在共射基本放大电路中，输出电压与输入电压同相。 ( )
3. 画放大电路的直流通路时，应把电容视为短路；画交流通路时，应把电容和电源视为开路。 ( )
4. 对放大电路来说，一般希望输入电阻小些，有利于减轻信号源的负担；输出电阻大些，以提高带负载的能力。 ( )
5. 放大电路带上负载后，放大倍数和输出电压均会上升。 ( )
6. 在放大电路中，若 Q 点设置偏高，易产生饱和失真。 ( )
7. 当放大电路静态工作点过高时，为了减小波形失真，在 V_{CC} 和 R_C 不变的情况下，可增大基极电阻 R_B。 ( )
8. 放大电路的静态工作点一经设定，不会再受外界因素的影响。 ( )
9. 射极输出器的电压放大倍数总小于1，故不能实现功率放大。 ( )
10. 射极输出器输出信号电压 u_o 与输入信号电压 u_i 相差 U_{BEQ}。 ( )
11. 采用阻容耦合的放大电路，前、后级的静态工作点互相影响。 ( )
12. 采用变压器耦合的放大电路，前、后级的静态工作点互不影响。 ( )
13. 采用直接耦合的放大电路，前、后级的静态工作点互相牵制。 ( )
14. 多级放大电路总的电压放大倍数等于各级放大倍数之和。 ( )
15. 直流放大器级间耦合常采用阻容耦合或变压器耦合。 ( )
16. 分析多级放大电路时，可以把后级放大电路的输出电阻看成前级放大电路的负载电阻。 ( )

三、选择题

1. 放大电路的交流通路是指（ ）。

A. 电压回路　　　　B. 电流通过的路径

C. 交流信号流通的路径　　　　D. 直流信号流通的路径

2. 对放大电路的要求是（　　）。

A. 只需放大倍数很大　　　　B. 只需放大交流信号

C. 放大倍数要大且失真要小

3. 在共射基本放大电路的输入端输入图 2－6 中 A 所示的正弦信号，这时基极电流的波形将如图 2－6 中的（　　）所示。

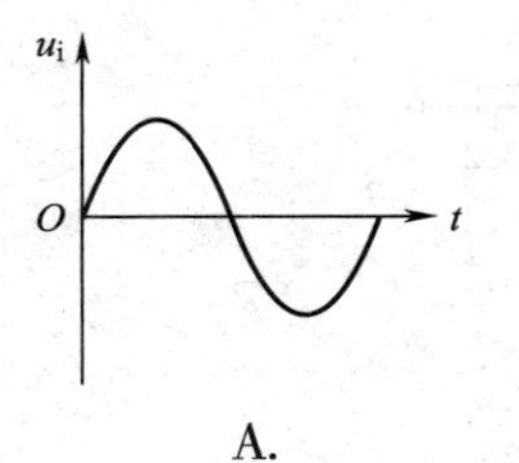

A.

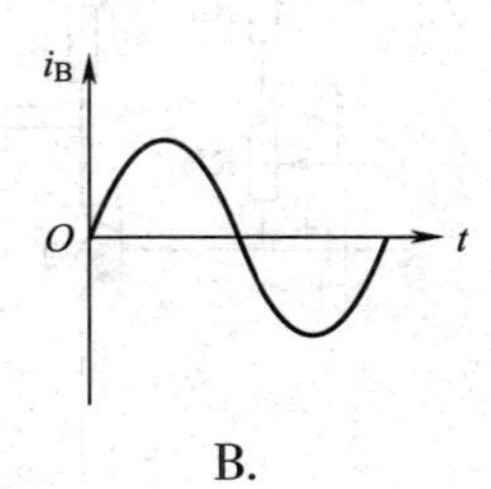

B.

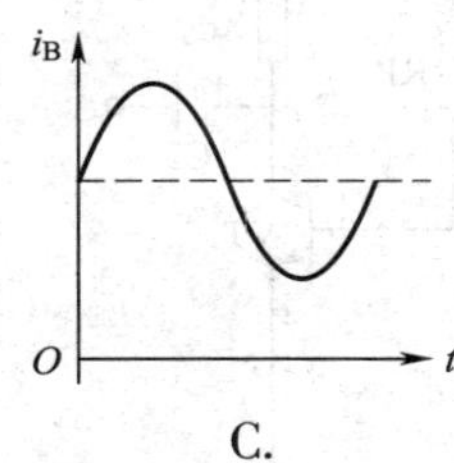

C.

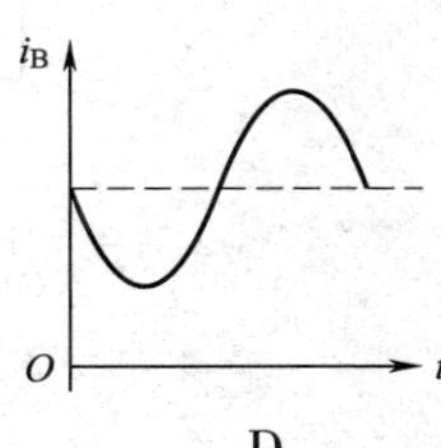

D.

图 2－6

4. 下列有关放大电路的叙述，错误的是（　　）。

A. 放大电路放大的本质是能量控制作用

B. 放大电路不加直流电源也能在输出端得到较大的能量

C. 放大电路输出负载上信号变化的规律由输入信号决定

5. 电路如图 2－7 所示，该电路不能正常放大交流信号的原因是（　　）。

A. 发射结不能正偏　　　　B. 集电结不能反偏

C. 集电极无电阻 R_C，u_o交流对地短路

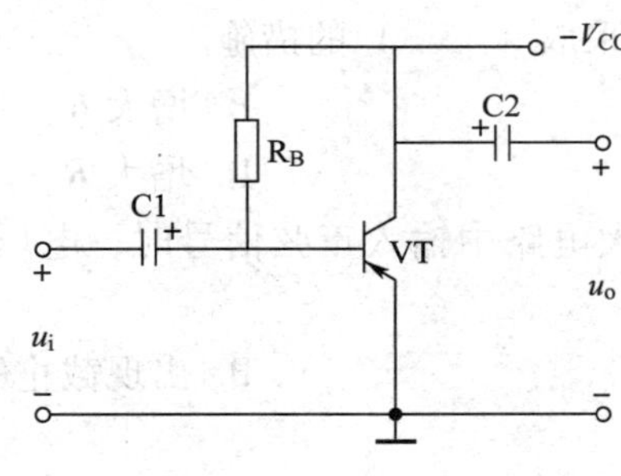

图 2－7

6. 某放大电路的电压放大倍数 $A_u = -100$，其负号表示（　　）。

A. 衰减　　　　B. 输出信号与输入信号的相位相同

C. 放大　　　　D. 输出信号与输入信号的相位相反

7. 放大电路空载时的放大倍数与有负载时的放大倍数相比（　　）。

A. 空载时的放大倍数大些

B. 有负载时的放大倍数大些

C. 空载时与有负载时的放大倍数一样大

8. 在放大电路中，当集电极电流增大时，三极管的（　　）。

A. 集电极与发射极间电压 U_{CE} 上升　　B. 集电极与发射极间电压 U_{CE} 下降

C. 基极电流随之增大

9. 能正常调整静态工作点的电路是图 2－8 中的（　　）。

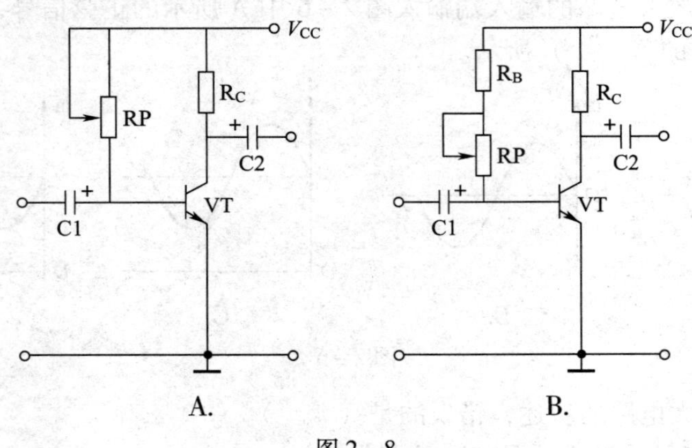

图 2－8

10. 共射基本放大电路中，当输入信号为正弦信号时，输出电压波形的正半周出现平顶失真，则这种失真为（　　）。

A. 截止失真　　B. 饱和失真

C. 线性失真　　D. 频率失真

11. 在 NPN 型三极管组成的共射基本放大电路中，当输入信号为正弦信号时，输出信号波形的正半周出现失真，应采取（　　）的措施。

A. 减小 R_B　　B. 增大 R_B

C. 减小 R_C　　D. 增大 R_C

12. 在图 2－9a 所示的放大电路中输入正弦信号时，电压输出波形如图 2－9b 所示，表明该放大电路（　　）。

A. 出现饱和失真　　B. 出现截止失真

C. 正常放大

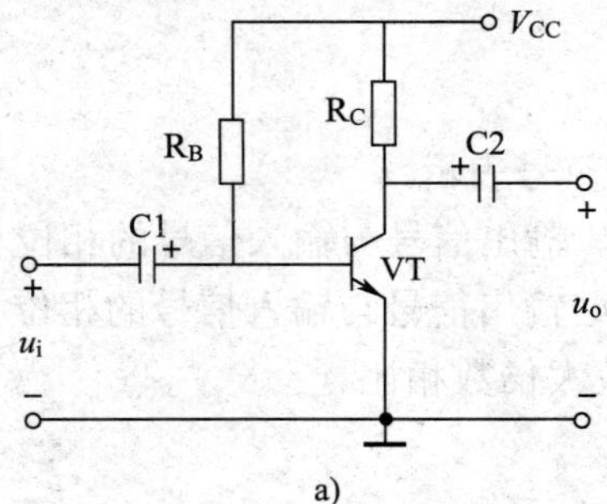

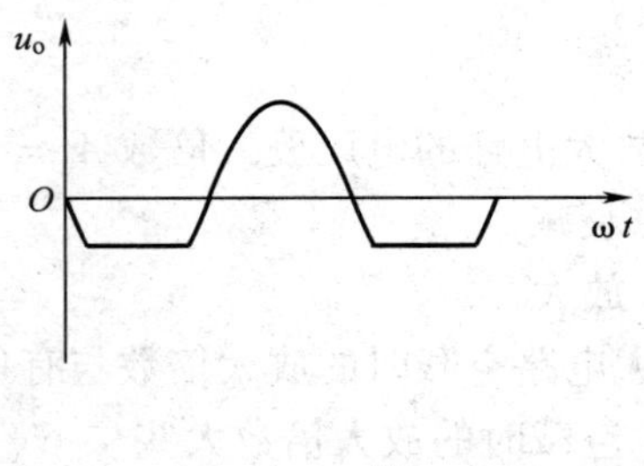

图 2－9

13. 在图 2－9a 所示放大电路中，当温度升高时，放大电路的（　　）。

A. Q 点上移，容易引起饱和失真　　B. Q 点下移，容易引起饱和失真

C. Q 点上移，容易引起截止失真　　D. Q 点下移，容易引起截止失真

14. 在图 2－10 所示的分压式偏置电路中，R_E 并联交流旁路电容 C_E 后，其电压放大倍数（　　）。

A. 减小　　B. 增大　　C. 不变　　D. 变为零

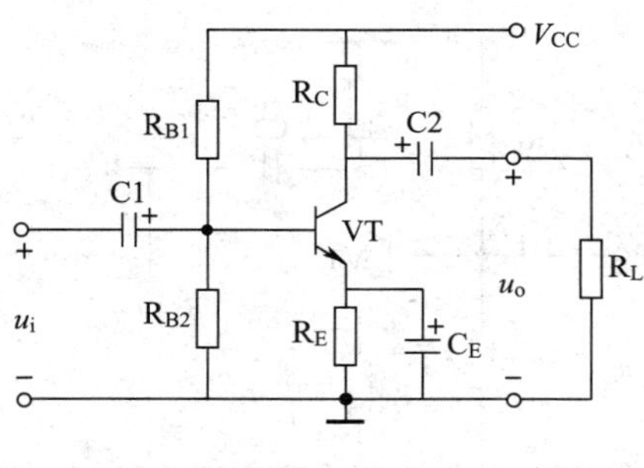

图 2－10

15. 在图 2－10 所示的分压式偏置电路中，若不慎将耦合电容 C2 断开，则（　　）。

A. 不影响静态工作点，只影响电压增益

B. 影响静态工作点，但不影响电压增益

C. 不仅影响静态工作点，也影响电压增益

D. 不影响静态工作点，也不影响电压增益

16. 关于变压器耦合多级放大电路，以下说法正确的是（　　）。

A. 用于放大直流信号　　B. 用于放大缓慢变化的信号

C. 便于集成化　　D. 各级静态工作点互不影响

17. 阻容耦合多级放大电路的输入电阻等于（　　）。

A. 第一级放大电路的输入电阻　　B. 各级放大电路的输入电阻之和

C. 各级放大电路的输入电阻之积　　D. 末级放大电路的输出电阻

18. 阻容耦合多级放大电路（　　）。

A. 只能传递直流信号　　B. 只能传递交流信号

C. 交流和直流信号都能传递　　D. 交流和直流信号都不能传递

19. 在多级放大电路的几种耦合方式中，（　　）耦合能放大缓慢变化的交流信号或直流信号。

A. 阻容　　B. 直接　　C. 变压器

20. 多级放大电路与单级放大电路相比，总的通频带一定比其中的任何一级都（　　）。

A. 宽　　B. 窄　　C. 不确定

21. 关于通频带，以下说法错误的是（　　）。

A. 在集成电路中，一般都采用直接耦合方式，其下限频率趋于零，因此通频带

即为 f_H

B. 通频带越宽越好

C. 通频带应满足信号的主要频率成分，并不要求频带太宽

四、综合题

1. 画出图 2－11 中各电路的直流通路和交流通路。

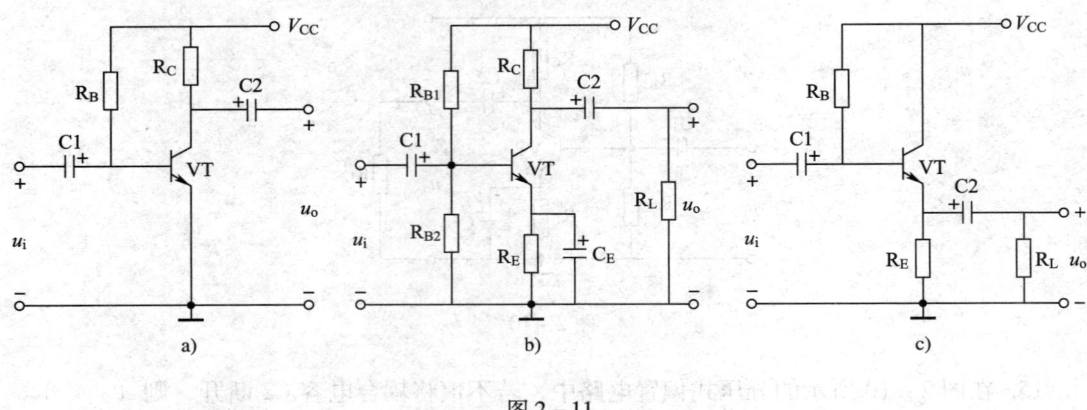

图 2－11

2. 判断图 2－12 所示电路能否实现正常放大，并简单说明理由。

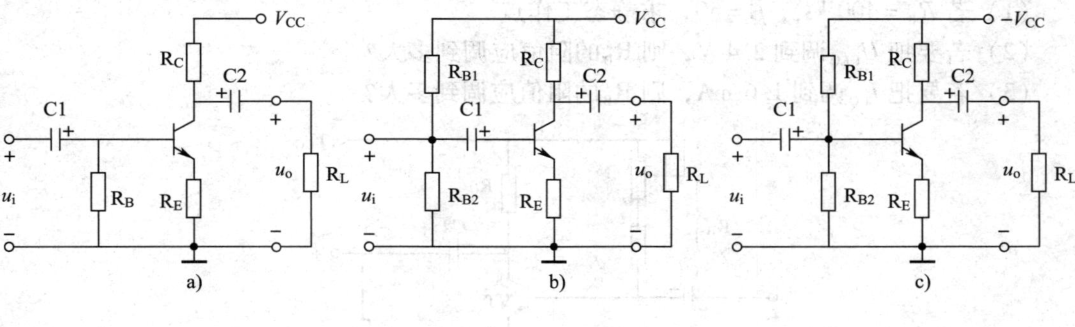

图 2－12

3. 图 2－13 所示为共射基本放大电路，其中 $V_{CC}=12\ \text{V}$，$R_C=3\ \text{k}\Omega$，U_{BE}可忽略不计。

（1）若 $R_B=400\ \text{k}\Omega$，$\beta=50$，求静态工作点。

（2）若要把 U_{CEQ}调到 2.4 V，则 R_B的阻值应调到多大？

（3）若要把 I_{CQ}调到 1.6 mA，则 R_B的阻值应调到多大？

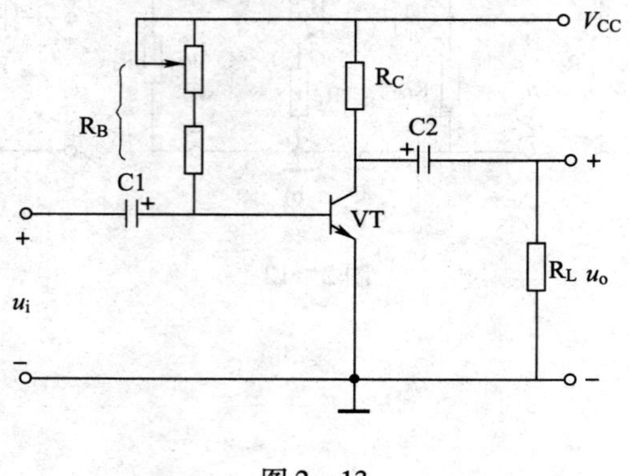

图 2－13

4. 分压式工作点稳定电路如图 2 - 10 所示，已知 $V_{CC}=12\ V$，$R_{B1}=30\ k\Omega$，$R_{B2}=10\ k\Omega$，$R_C=2\ k\Omega$，$R_E=1\ k\Omega$，$R_L=8\ k\Omega$，$\beta=50$，$U_{BE}=0.7\ V$。

（1）估算静态工作点 Q。

（2）求 r_i、r_o、A_u和 A_{uL}。

课题三　负反馈放大电路的安装与检测

一、填空题

1. 将输出量（电压或电流）的一部分或全部通过一定的电路形式送回__________，并对输入量产生影响的过程称为________。

2. 反馈放大电路由__________电路和____________电路两部分组成。引入反馈的放大电路称为______环放大电路，而未引入反馈的放大电路则称为______环放大电路。

3. 电压反馈是指反馈信号取自放大电路的____________，取样环节与放大电路输出端______联；电流反馈是指反馈信号取自放大电路的____________，取样环节与放大电路输出端______联。

4. 反馈信号在输入端与信号源串联的称为________反馈，反馈信号以________形式出现；反馈信号在输入端与信号源并联的称为________反馈，反馈信号以________形式出现。

5. 在放大电路中，为了稳定静态工作点，应该引入________负反馈。为了提高电路的输入电阻，应该引入________负反馈。为了稳定输出电压，应该引入________负反馈。

6. 反馈信号增强原输入信号的反馈称为__________；反馈信号减弱原输入信号的反馈称为__________。

7. 用“输出短路法”判断电压、电流反馈，是把放大电路的输出端对地短路，使输出电压________，若反馈信号也________，则为________反馈；否则为________反馈。

8. 同时考虑反馈网络的输入回路和输出回路，则负反馈电路可分为______________、______________、______________、______________四种基本类型。

9. 放大电路中引入交流负反馈后，其性能会得到多方面的改善，例如，可以稳定______________，减小______________，展宽________，________输入电阻和输出电阻等。

10. 放大电路引入交流负反馈后，电压放大倍数__________，放大倍数的稳定性________。

11. 当 $1+A_F$________时，称为深度负反馈。此时闭环放大倍数为__________。

12. 当引入深度负反馈时，通常忽略净输入电压，称为________；忽略净输入电流，称为________。利用这种特性可大大简化对深度负反馈放大电路放大倍数的计算。

二、判断题

1. 在放大电路中，引入反馈后使净输入信号增大，输出信号增大，这种反馈就称为正反馈。（　　）

2. 反馈到放大电路输入端的信号极性与原来假设的输入端信号极性相同为正反馈，

相反为负反馈。 (　　)

3. 电压反馈送回放大电路输入端的信号形式是电压，电流反馈送回放大电路输入端的信号形式是电流。 (　　)

4. 在放大电路中，反馈信号中有直流成分的称为直流反馈。 (　　)

5. 若将负反馈放大电路的输出端短路，则反馈信号也一定随之消失。 (　　)

6. 电流负反馈放大电路具有稳定输出电流的作用。 (　　)

7. 在串联负反馈中，反馈信号是以电流形式出现的。 (　　)

8. 反馈网络可以建立在单级或多级放大电路中。 (　　)

9. 负反馈对放大电路的输入电阻和输出电阻都有影响。 (　　)

10. 电压串联负反馈可提高放大电路的输入电阻和电压放大倍数。 (　　)

三、选择题

1. 对于放大电路，所谓“开环”就是指（　　）。

A. 未接入电源　　B. 未接入负载

C. 不存在反馈通路

2. 在输入量不变的情况下，若引入反馈后（　　），则说明引入的反馈是负反馈。

A. 输出量增大　　B. 净输入量增大

C. 净输入量减小

3. 通常采用（　　）法判断串联、并联反馈类型。

A. 输入短路　　B. 输出短路　　C. 输出开路　　D. 输入开路

4. 将负反馈放大电路的输出端对地短路，若反馈信号依然存在，则为（　　）负反馈。

A. 电压　　B. 电流　　C. 串联　　D. 并联

5. 在图 2－14 所示电路中，R1、R2 引入的反馈为（　　）负反馈；在图 2－15 所示电路中，R4 引入的反馈为（　　）负反馈。

A. 电压并联直流　　B. 电压并联交直流

C. 电流串联交直流　　D. 电流并联交直流

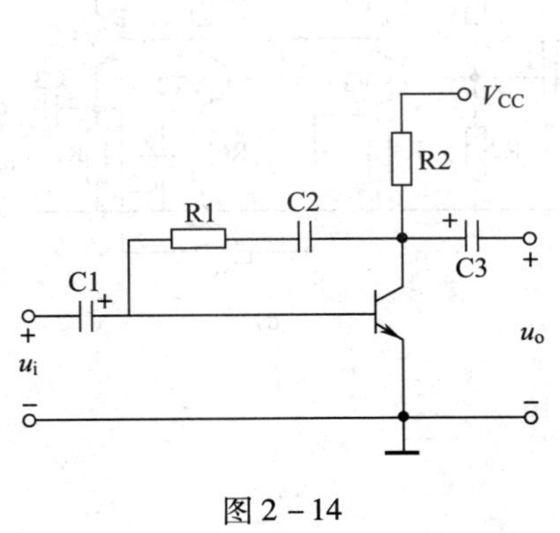

图 2－14

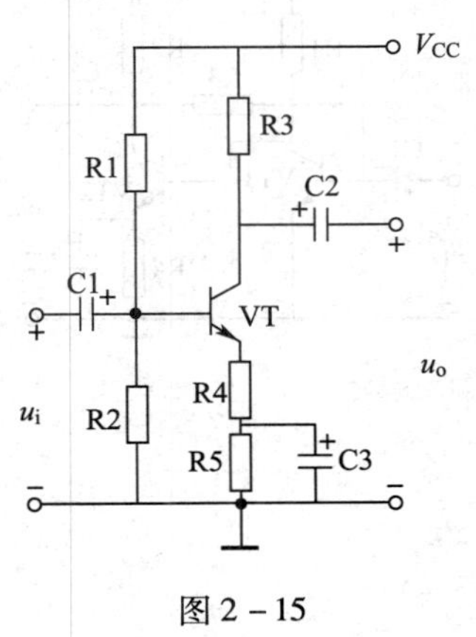

图 2－15

6. 想削弱放大电路净输入信号，应采用的反馈类型是（　　）。

A. 串联反馈　　B. 并联反馈

C. 正反馈　　D. 负反馈

7. 判断放大电路属于正反馈还是负反馈的方法是（　　）。

A. 输出短路法

B. 瞬时极性法

C. 输入短路法

8. 射极输出器是典型的（　　）放大器。

A. 电压串联负反馈

B. 电流串联负反馈

C. 电压并联负反馈

D. 电流并联负反馈

四、综合题

1. 负反馈放大电路如图 2－16 所示，试判断其反馈类型（只判断极间反馈类型），说明所引入反馈对输入、输出电阻的影响，并记入表 2－2 中（图中所有电容对交流信号均可视为短路）。

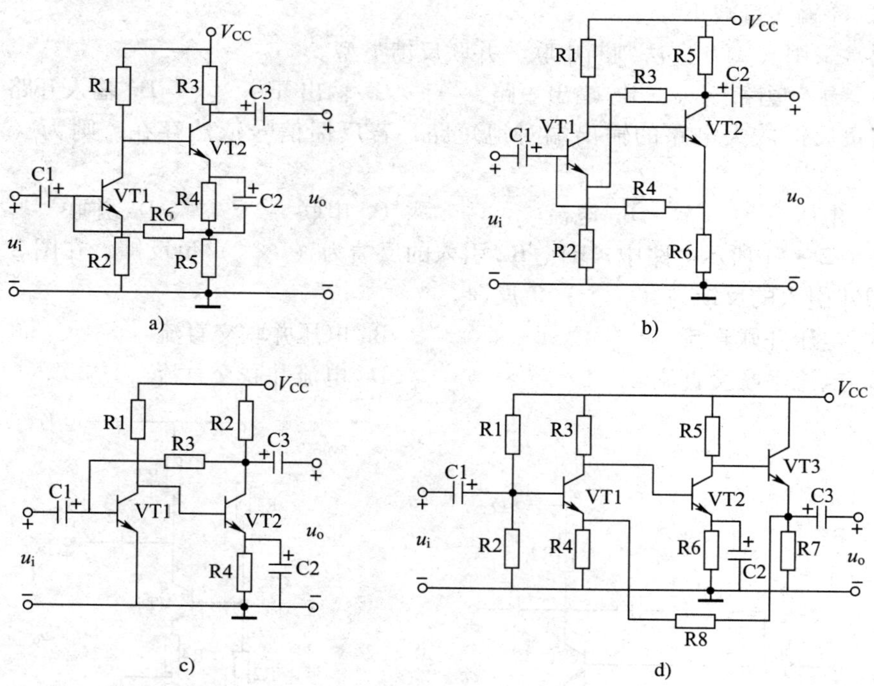

图 2－16

表 2－2

电路序号	图 2－16a	图 2－16b	图 2－16c	图 2－16d
反馈类型				
输入电阻				
输出电阻				

2. 根据图 2－17 回答以下问题：

（1）电阻 R4 引入什么类型的反馈？这一反馈对放大电路的输入电阻有什么影响？

（2）三极管通过耦合电容 C2 和电阻 R3 将发射极和基极相连，引入了什么类型的反馈？这一反馈对放大电路的输入电阻有什么影响？

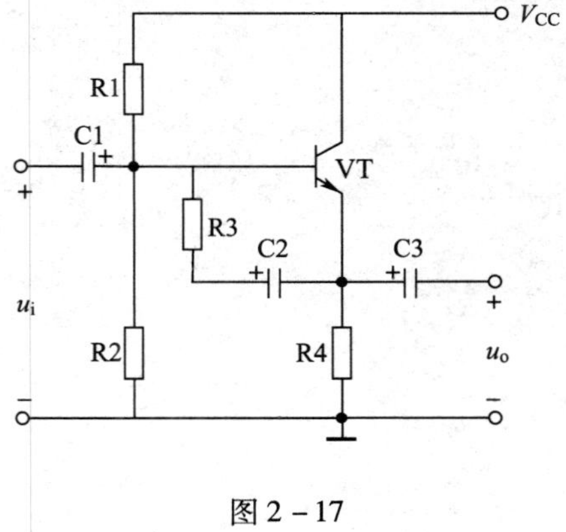

图 2－17

3. 根据图 2－18 回答以下问题：

（1）电阻 R4 引入什么类型的反馈？这是直流反馈还是交流反馈？起什么作用？

（2）电阻 R5 引入什么类型的反馈？这一反馈对放大电路的动态特性有哪些影响？

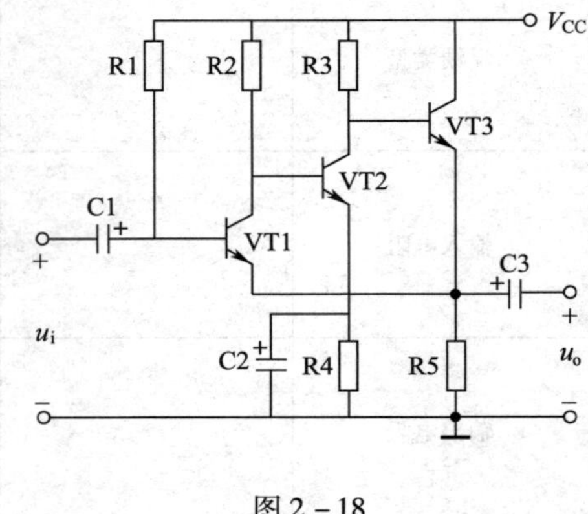

图 2－18

4. 某两级放大电路，如果前级是电压负反馈电路，后级是并联负反馈电路，是否合理？为什么？如果前级是电流负反馈电路，后级是串联负反馈电路，是否合理？为什么？

5. 为获得一个电压控制的电流源，应引入哪种类型的负反馈？为获得一个电流控制的电流源，应引入哪种类型的负反馈？

模块三　集成运算放大器

课题一　集成运算放大器的线性应用

一、填空题

1. 集成运算放大器是一种多级_______耦合的高增益集成放大电路。一般由________、_________、_________和____________组成。

2. 集成运算放大器的同相输入端标___________，表示相应的输出信号与该端输入信号______相；反相输入端标____________，表示相应的输出信号与该端输入信号______相。

3. 集成运算放大器的___________与____________之间的___________称为电压传输特性。

4. 集成运算放大器的电压传输特性分为_________区和__________区两部分，如图3－1所示。其中，斜线部分为________区，在此区内输出电压随输入电压线性变化；水平线部分为_________区，在该区内输出电压只有_________电压和_________电压两种情况。

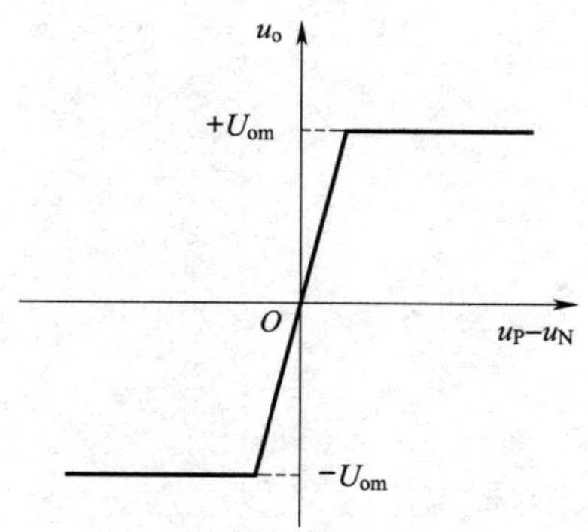

图 3－1

5. 对于直接耦合放大电路，当温度发生变化或电源电压发生波动时，其影响会逐级传递放大，使输出偏离零点，这种现象称为____________，简称________。

6. 从集成运算放大器两个输入端分别输入一对大小________、极性________的信号称为差模信号；如果是一对大小________、极性________的信号，则称为共模信号。温度发生变化或电源电压发生波动对于集成运算放大器的影响，相当于从两个输入端输入一对________信号。

7. 一个性能良好的差分放大电路，对________信号应有很高的放大倍数，对________信号应有足够的抑制能力。

8. 差分放大电路的共模抑制比是指__________放大倍数和__________放大倍数之比。其值越高，则表明____________的能力越强。

9. 分析集成运算放大器时，通常把它看成是一个理想元件，即开环差模电压放大倍数 A_{ud} = __________，开环差模输入电阻 r_{id} = __________，开环输出电阻 r_o = __________，共模抑制比 K_{CMR} = __________。

10. 集成运算放大器线性应用时，电路中必须引入__________才能保证集成运算放大器工作在__________区。

11. 理想集成运算放大器工作于线性区时，其______相输入端和______相输入端的电位________，相当于________，但又不是真正的________，故称为虚拟短路，简称“虚短”。如果有一输入端接地，则称为________。

12. ______相比例运算电路中集成运算放大器反相输入端为虚地，而______相比例运算电路中集成运算放大器两个输入端电位相等，但并不等于地电位，所以输入端不存在虚地。

13. 若集成运算放大器的________电压与________电压大小________，相位________，则称为电压跟随器，是同相比例放大器中的一个特例。

二、判断题

1. 因为集成运算放大器的实质是高放大倍数的多级直流放大器，所以它只能放大直流信号。（　　）

2. 共模抑制比越小，差分放大电路的性能越好。（　　）

3. 当集成运算放大器工作在非线性区时，输出电压不是高电平就是低电平。（　　）

4. 凡是运算电路都可利用“虚短”和“虚断”的概念求解。（　　）

5. 集成运算放大器的输入电阻大，输出电阻小。（　　）

6. 集成运算放大器对差模信号具有很强的抑制作用。（　　）

7. “虚断”就是集成运算放大器的两个输入端相当于断路，但又不是真正的断路。（　　）

8. 反相器既能使输入信号倒相，又具有电压放大作用。（　　）

9. 由集成运算放大器组成的运算电路中一般均引入负反馈。（　　）

10. 处于线性工作状态的集成运算放大器，其反相输入端可按“虚地”来处理。（　　）

11. 差分输入比例运算电路的输出信号与两输入信号的差值成正比。（　　）

12. 在分析积分运算电路和微分运算电路时，不能用“虚短”和“虚断”的概念。（　　）

13. 积分运算电路和微分运算电路的差别是电容元件的位置不同。（　　）

三、选择题

1. 在多级放大电路的几种耦合方式中，（　　）耦合能放大缓慢变化的交流信号或直流信号。

A. 变压器　　B. 直接　　C. 阻容

2. 集成运算放大器的电压传输特性中，输入电压是指两个输入端输入信号电压之间的（　　）。

A. 乘积　　B. 差值　　C. 和值

3. 集成运算放大器的输入级静态电流（　　）。

A. 小　　B. 中等　　C. 大

4. 集成运算放大器工作在线性区的必要条件是（　　）。

A. 引入正反馈　　B. 引入深度负反馈

C. 开环状态

5. 理想集成运算放大器工作于线性状态的两个重要结论为（　　）。

A. 虚地与反相　　B. 虚短与虚地

C. 虚短与虚断

6. 理想集成运算放大器“虚断”时，两个输入端的输入电流（　　）。

A. 大　　B. 小　　C. 是0

7. 反相比例运算电路的比例系数为（　　）。

A. $\dfrac{R_f}{R_1}$　　B. $-\dfrac{R_f}{R_1}$　　C. $-\dfrac{R_1}{R_f}$

8. 图3－2所示电路的输出电压为（　　）V。

A. 0.3　　B. －0.9　　C. －1.2

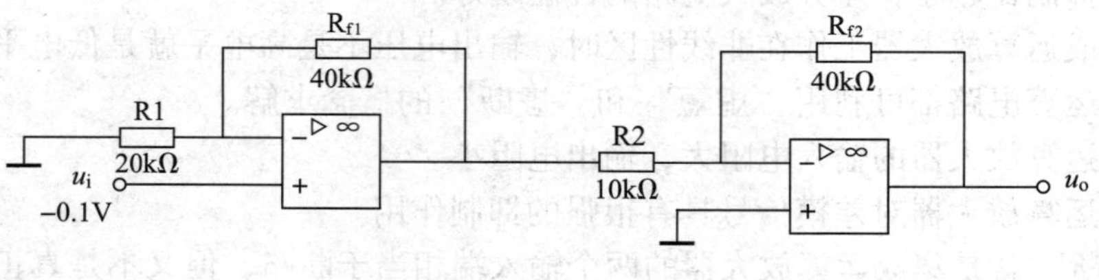

图3－2

9. 反相比例运算电路的反馈类型为（　　）负反馈。

A. 电压串联　　B. 电压并联　　C. 电流串联　　D. 电流并联

10. 反相比例运算电路的一个重要特点是（　　）。

A. 反相输入端为虚地　　B. 输入电阻大

C. 反馈类型为电流并联负反馈　　D. 反馈类型为电压串联负反馈

11. 在同相输入运算放大电路中，R_f为电路引入了（　　）负反馈。

A. 电压串联　　B. 电压并联

C. 电流串联　　D. 电流并联

12. 积分运算电路的反馈元件是（　　）。

A. 电容　　B. 电阻　　C. 电感

13. 基本微分运算电路中的电容接在电路的（　　）。

A. 反相输入端　　B. 同相输入端

C. 反相输入端与输出端之间

14. 图 3－3 所示为电路的输入电压和输出电压波形，其中，图 3－3a 可能是（　　）电路，图 3－3b 可能是（　　）电路。

A. 积分运算　　B. 微分运算

C. 差分输入比例运算

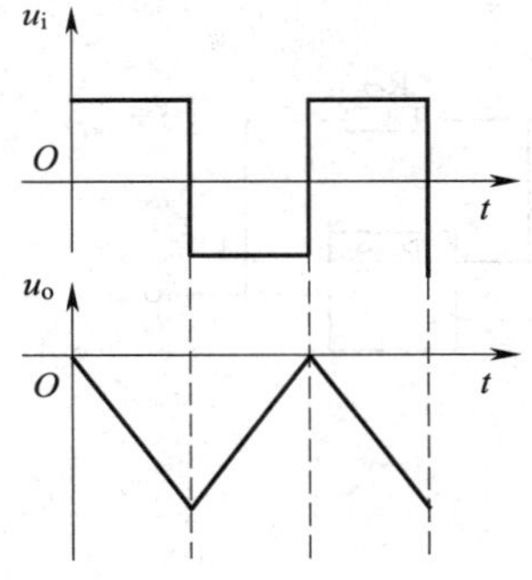

a)

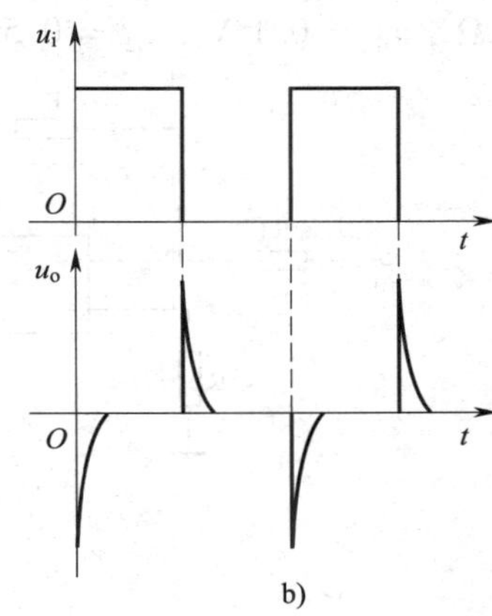

b)

图 3－3

四、综合题

1. 求图 3－4 所示电路的电压放大倍数。

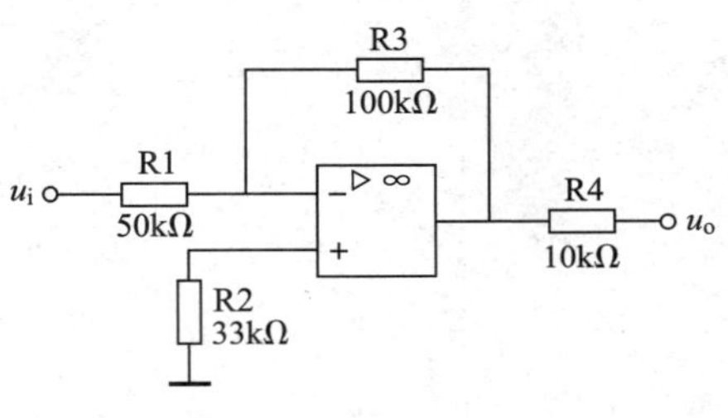

图 3－4

2. 电路及其相关参数如图 3 – 5 所示，求 R1 的阻值。

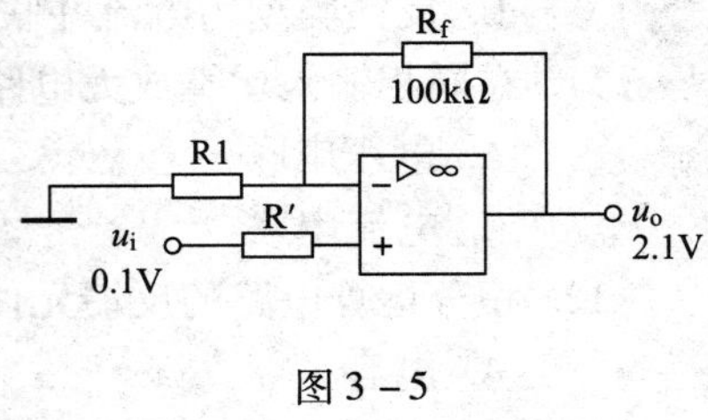

图 3 – 5

3. 在图 3 – 6 所示电路中，已知 $R_1 = 3\ \text{k}\Omega$，$R_2 = 10\ \text{k}\Omega$，$R_3 = 10\ \text{k}\Omega$，$R_{f1} = 51\ \text{k}\Omega$，$R_{f2} = 24\ \text{k}\Omega$，$u_{i1} = 0.1\ \text{V}$，$u_{i2} = 0.5\ \text{V}$，求 u_{o1}和 u_o。

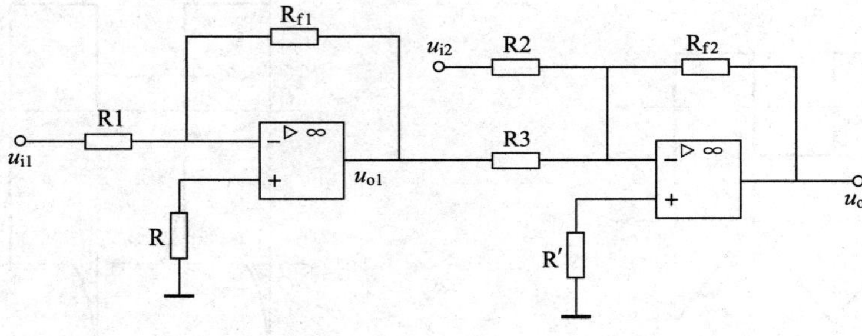

图 3 – 6

4. 求图 3 - 7 所示各电路的输出电压 u_o。

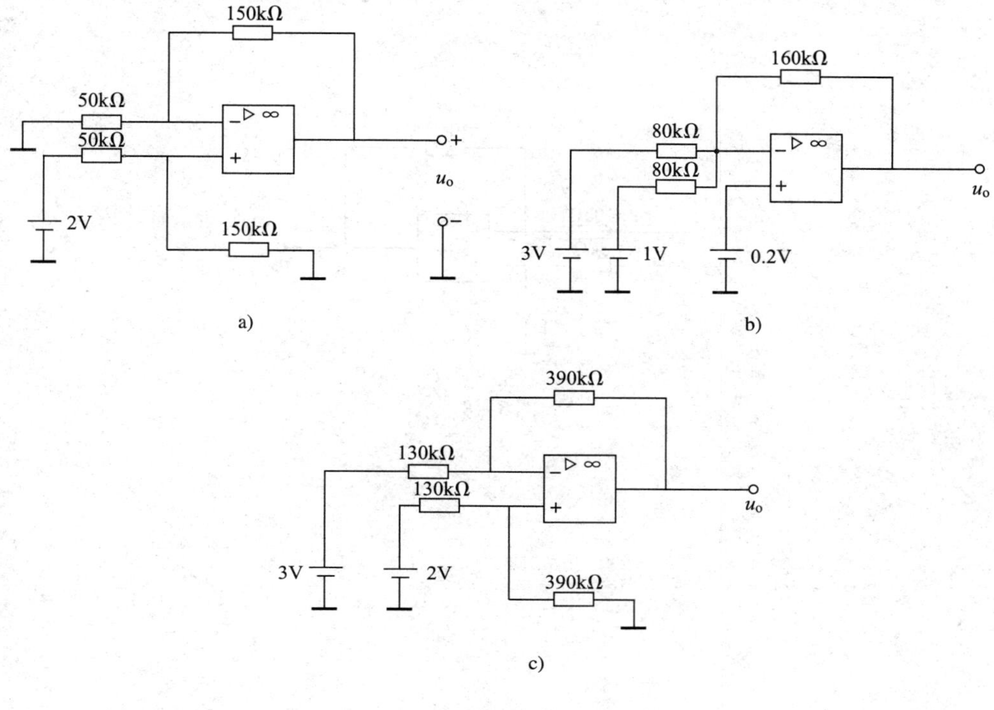

图 3 - 7

5. 电路如图 3-8 所示，试证明：当开关 S 闭合时，$\frac{u_o}{u_i}=-1$；当开关 S 断开时，$\frac{u_o}{u_i}=1$。

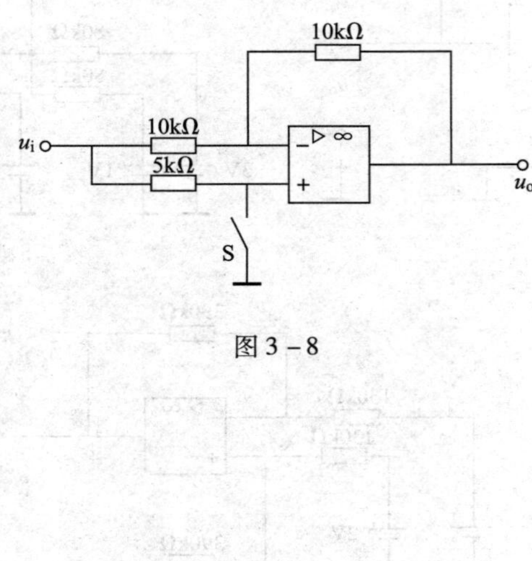

图 3-8

6. 在图 3-9a 所示电路中，输入图 3-9b 所示电压波形，试画出输出电压 u_o 的波形。

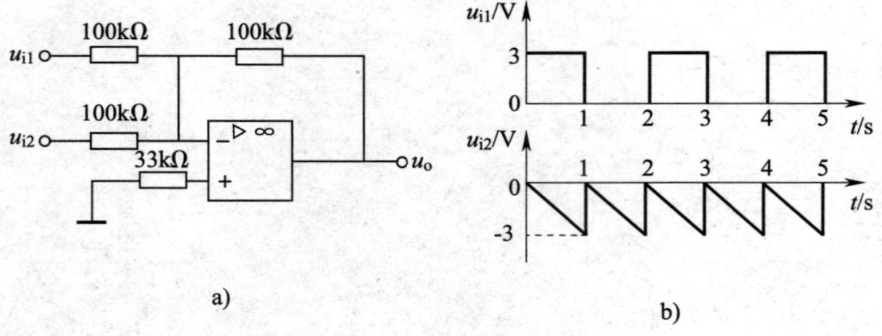

图 3-9

7. 在图 3－10a 所示电路中，输入图 3－10b 所示电压波形，当 $t=0$ 时，$u_o=0$。试画出输出电压 u_o 的波形。

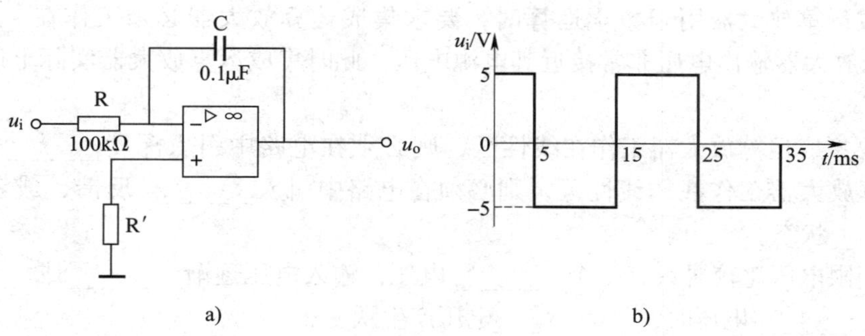

图 3－10

课题二　蓄电池过压、欠压报警电路的安装与检测

一、填空题

1. 集成运算放大器的同相输入端、反相输入端可以分别加入________电压及________电压，从而构成____________器。这时，集成运算放大器工作在电压传输特性曲线的____________区。

2. 当集成运算放大器处于开环状态或电路引入了正反馈时，集成运算放大器工作于____________区。这时电路不再有“虚短”的特性，但仍具有“________”的特性。

3. 利用电压比较器可以实现波形变换，当单门限电压比较器输入正弦波时，相应的输出电压为________波。

4. 迟滞比较器又称为__________触发器，它是一种双门限电压比较器。两个门限电压之差称为________电压。

5. 集成运算放大器用于数学运算时，要求集成运算放大器必须工作在________区。若集成运算放大器输出电压非常接近其电源电压，此时集成运算放大器实际上已经工作在________区。

6. 若要集成运算放大器工作在线性区，则必须在电路中引入深度________反馈；若要集成运算放大器工作在非线性区，则必须在电路中引入________反馈，或者使电路工作在________状态。

7. 单门限电压比较器只有一个________电压，输入电压逐渐________或________过程中，当通过________电压时，__________电压产生跃变。

8. 迟滞比较器具有一定的__________能力。迟滞比较器电路中引入了________，它有________门限电压。

二、判断题

1. 集成运算放大器非线性应用时，输出电压只有两种状态，即等于 $+U_{om}$ 或 $-U_{om}$。（ ）

2. “虚短”概念在集成运算放大器的非线性应用中依然成立。（ ）

3. 集成运算放大器的非线性应用可以构成模拟加法、减法、微分、积分等运算电路。（ ）

4. 双门限比较器中的回差电压与参考电压有关。（ ）

5. 利用电压比较器可将正弦波变换成矩形波。（ ）

6. 利用电压比较器可将矩形波变换成正弦波。（ ）

7. 在电压比较器中，集成运算放大器不是工作在开环状态，就是引入了正反馈。（ ）

8. 在输入电压从足够低逐渐增大到足够高的过程中，单门限电压比较器和迟滞比较器的输出电压均只跃变一次。（ ）

9. 迟滞比较器中的两个门限电压之差是回差电压，它们的大小与参考电压大小无关。（ ）

10. 迟滞比较器具有抗干扰的能力。（ ）

11. 在电压比较器中，输出电压有两种状态。（ ）

12. 在电压比较器中，“虚短”依然成立。（ ）

三、选择题

1. 理想集成运算放大器的开环差模电压放大倍数（ ）。

A. 小　　B. 大　　C. 为无穷大　　D. 为0

2. 集成运算放大器工作在非线性区时，输出电压有（ ）个不同的值。

A. 2　　B. 4　　C. 1　　D. 无穷多

3. 在单门限电压比较器中，集成运算放大器工作在（　　）状态。

A. 放大　　B. 开环放大　　C. 闭环放大

4. 过零比较器实际上是（　　）比较器。

A. 单门限　　B. 双门限　　C. 无门限

5. 工作在开环状态的比较电路，其输出值的大小取决于（　　）。

A. 集成运算放大器的开环放大倍数　　B. 外电路参数

C. 集成运算放大器的工作电源

6. 若希望在 $u_i > 3$ V 时，u_o 为高电平；而在 $u_i < -3$ V 时，u_o 为低电平，可采用（　　）电压比较器。

A. 同相输入单门限

B. 反相输入单门限

C. 反相输入迟滞

D. 同相输入迟滞

7. 迟滞比较器是具有（　　）的比较电路。

A. 负反馈　　B. 正反馈　　C. 开环放大电路

8. 过零比较器的门限电压是（　　）V。

A. 1　　B. 0　　C. −1

9. 若电压比较器的电压传输特性中，输入电压由小增大至门限电压时，输出电压从 $-U_{om}$ 跃变为 $+U_{om}$，则参考电压加在（　　）输入端。

A. 同相　　B. 反相　　C. 任意

10. 改变电压比较器的参考电压值，可以使电压传输特性在（　　）方向移动。

A. 垂直　　B. 水平

C. 水平和垂直

四、综合题

1. 有一利用集成运算放大器实现的报警器电路，当被监测量转换成的电压值超出某一正常范围时（过高或过低），报警器发出报警声，这一电路中集成运算放大器工作在线性区还是非线性区？可能采用了哪种电路？

2. 在图 3－11 所示电路中，U1～U3 均为理想集成运算放大器，其最大输出电压为 ±12 V。

（1）U1～U3 各组成何种基本应用电路？

（2）U1～U3 分别工作在线性区还是非线性区？

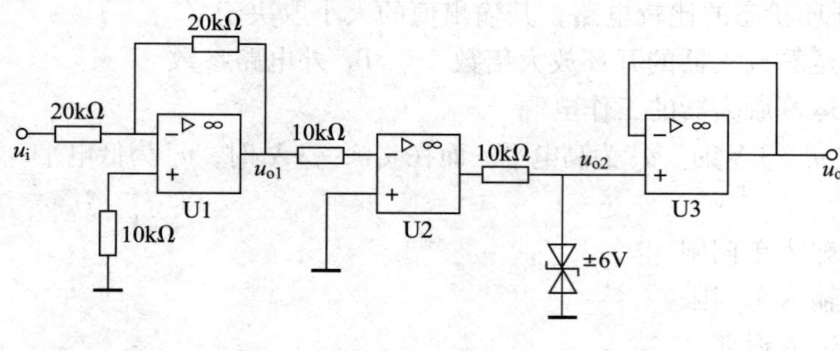

图 3－11

3. 单门限电压比较器及其输入信号 u_i 的波形分别如图 3－12a 和图 3－12b 所示，试画出输出电压 u_o 的波形。

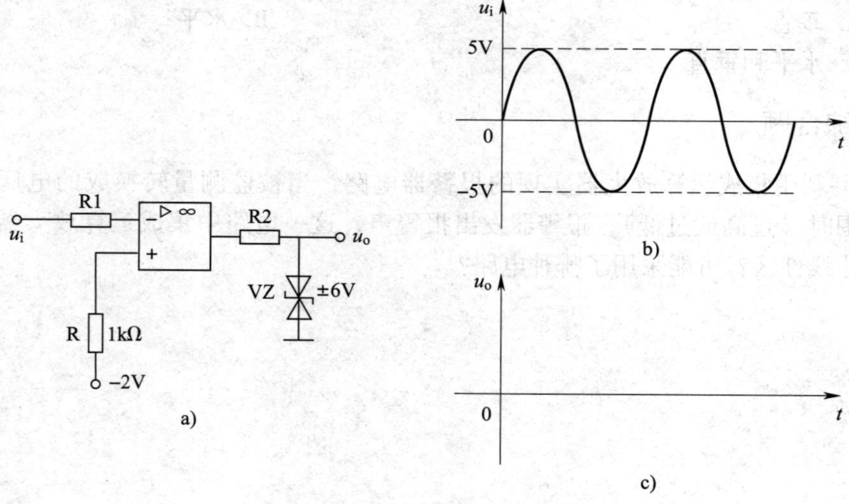

图 3－12

4. 电路如图 3－13a 所示，输入电压 u_i的波形如图 3－13b 所示，设集成运算放大器的最大输出电压为 ±10 V，试画出输出电压 u_o的波形。

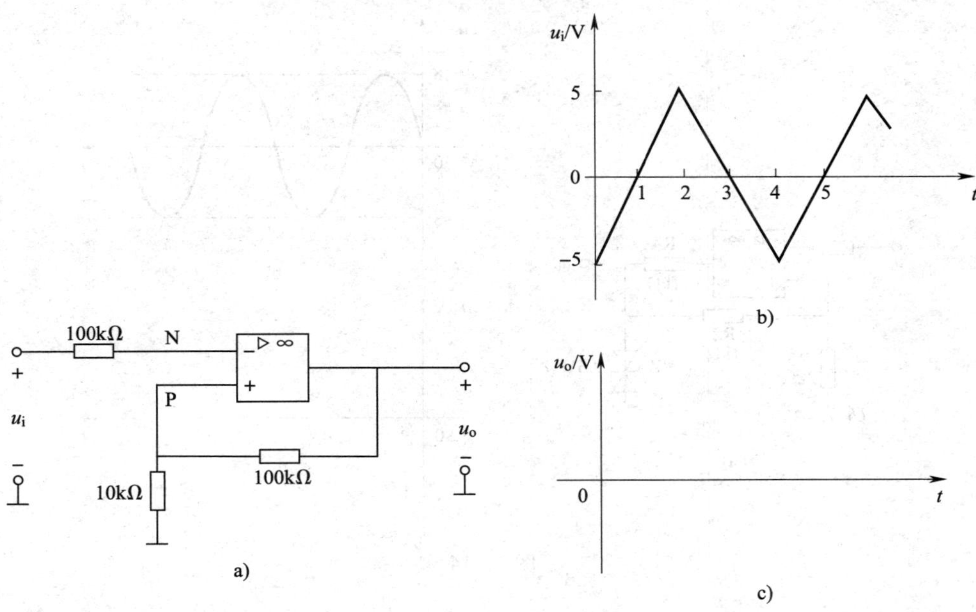

图 3－13

5. 迟滞比较器及其输入电压 u_i 的波形分别如图 3－14a 和图 3－14b 所示，试画出输出电压 u_o 的波形。

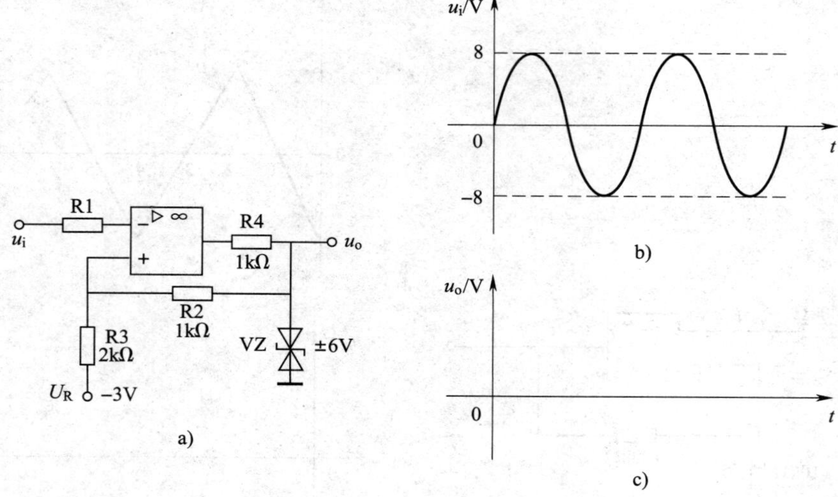

图 3－14

6. 某电压比较器如图 3－15 所示，求参考电压值，并画出其电压传输特性曲线。

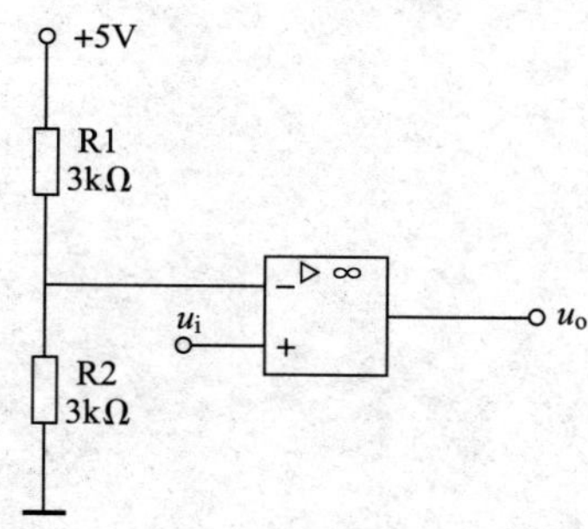

图 3－15

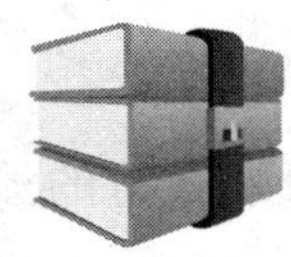

模块四　低频功率放大器

课题一　OTL 功率放大电路的安装与检测

一、填空题

1. 能够向负载提供足够____________的放大电路称为________电路，简称________。

2. 为了能输出足够大的信号功率，功放管常工作在极限应用状态，即三极管集电极电流最大时接近________，管压降最大时接近________，耗散功率最大时接近________。

3. 在甲类功率放大电路中，功放管的静态工作点设置在________区中间，功放管在输入信号的________个周期内都处于放大状态。甲类功率放大电路具有输出信号失真________，但转换效率________的特点。

4. 在乙类功率放大电路中，功放管的静态工作点设置在放大区与截止区的交界处偏于________区的一侧，仅在输入信号的________个周期内导通。乙类功率放大电路需要使用两个功放管组合起来交替工作，才能合成一个完整的全波信号。该电路具有转换效率________但失真________的特点。

5. 在甲乙类功率放大电路中，功放管的静态工作点设置在放大区与截止区的________上（或略偏于放大区），静态时功放管处于________状态，导通时间略大于输入信号的________个周期且小于________个周期。

6. 按输出耦合方式不同，功率放大电路可分为__________________功率放大电路、__________________功率放大电路和__________________功率放大电路。

7. 在单电源乙类互补对称功率放大电路中，两个功放管________导通，输出一个完整的放大的正弦波信号，但是由于三极管________________的存在，输出信号在正负半周________处会产生失真，称为__________失真。

8. 在 OTL 功率放大电路中，两只功放管特性对称，接成________极输出形式，输出电阻________，能直接与低阻抗负载匹配。大容量的电容 C 既是__________________，同时又可充当______________________________。

9. OCL 功率放大电路也称______________________电路，采用________耦合的方式，故其低频响应________OTL 电路，且更便于__________。

10. 在实际应用中，为了提高放大电路的性能，尤其是____________，常用多个三极管构成的复合管来取代功放管。复合管的电流放大倍数约等于________管子的电流放大倍数的________。

二、判断题

1. 功率放大电路的最大输出功率是指在信号不失真的情况下，负载上可能获得的最大交流功率。（　　）

2. 乙类功率放大电路处于静态时，$I_{CQ}\approx 0$，所以静态功率几乎为零，其效率高。（　　）

3. 甲类功率放大电路的效率低，主要是静态工作点选在放大区的中点，使静态电流 I_{CQ} 较大造成的。（　　）

4. 在 OTL 功率放大电路中，两只功放管采用的是相同型号的管子。（　　）

5. 由于功率放大电路中三极管工作在大信号状态，电压和电流的变化幅度大，所以容易产生非线性失真。（　　）

6. 功率放大电路的负载所获得的功率是由直流电源提供的。（　　）

7. 当甲类功率放大电路输入信号为零时，输出功率为零，电源消耗功率也为零。（　　）

8. 乙类功率放大电路的输出信号不会出现交越失真。（　　）

9. 在变压器耦合功率放大电路中，利用变压器可以实现阻抗匹配。（　　）

10. 甲乙类功率放大电路能够消除交越失真。（　　）

11. 在复合管中，第一只管子的集电极或发射极电流作为第二只管子的基极电流。（　　）

三、选择题

1. 功率放大器最基本的特点是（　　）。

A. 输出信号电压大　　B. 输出信号电流大

C. 输出信号电压和电流均大　　D. 输出信号电压大、电流小

2. 功放管始终工作在放大状态的是（　　）功率放大电路。

A. 甲类　　B. 乙类　　C. 甲乙类

3. 图 4－1 中，（　　）为甲乙类功率放大电路中单只功放管工作电流的波形。

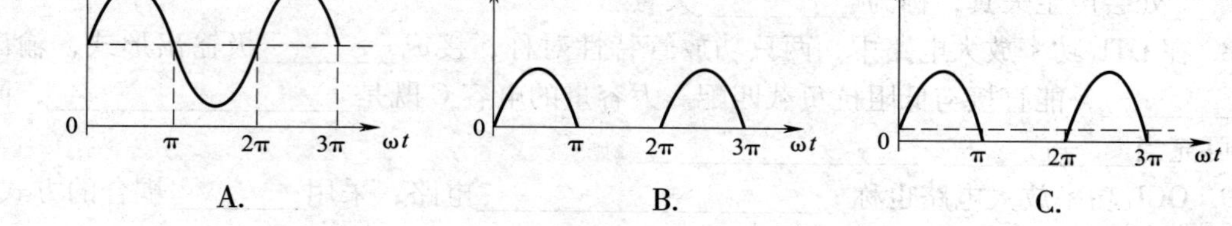

A.　　B.　　C.

图 4－1

4. 克服乙类功率放大电路交越失真的方法是（　　）。

A. 设置合适的静态工作点　　B. 加大输入信号幅度

C. 提高电源电压

5. OTL 功率放大电路中的一对功放管都接成（　　）形式。

A. 共发射极　　B. 共集电极　　C. 共基极

6. 在 OCL 功率放大电路中，两个三极管的特性和参数均相同，并且一定是（　　）。

A. NPN 管与 NPN 管　　B. PNP 管与 PNP 管　　C. NPN 管与 PNP 管

7. 实际应用的互补对称功率放大器属于（　　）放大器。

A. 甲类　　B. 乙类

C. 电压　　D. 甲乙类

8. 在 OCL 功率放大电路中，输入、输出端的耦合方式为（　　）。

A. 直接耦合　　B. 阻容耦合

C. 变压器耦合　　D. 三种耦合都可能

9. 复合管的电流放大倍数等于两个管子的电流放大倍数之（　　）。

A. 和　　B. 差　　C. 积

10. 必须采用正、负双电源的功率放大电路是（　　）电路。

A. 变压器耦合乙类功率放大　　B. OTL

C. OCL

11. 频率特性好的功率放大电路是（　　）电路。

A. OTL　　B. OCL　　C. 变压器耦合功率放大

四、综合题

1. 图 4 – 2 中的哪些接法可以构成复合管？试标出它们等效管的类型（如 NPN 型、PNP 型）及管脚。

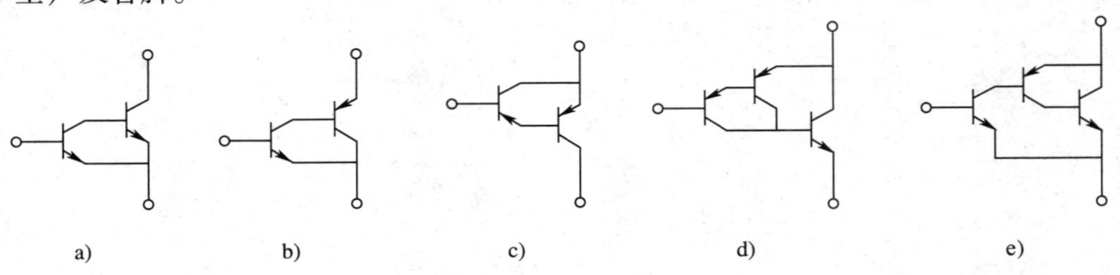

图 4 – 2

2. OTL 功率放大电路如图 4－3 所示，识读电路图并回答以下问题：

（1）在图中标明三极管 VT1～VT4 的类型。

（2）静态时输出电容 C 两侧的电压应为多大？主要调整哪个元件可达到上述目的？

（3）调节电阻 R2 起什么作用？

（4）二极管 VD1、VD2 起什么作用？

（5）电阻 R6、R7 起什么作用？

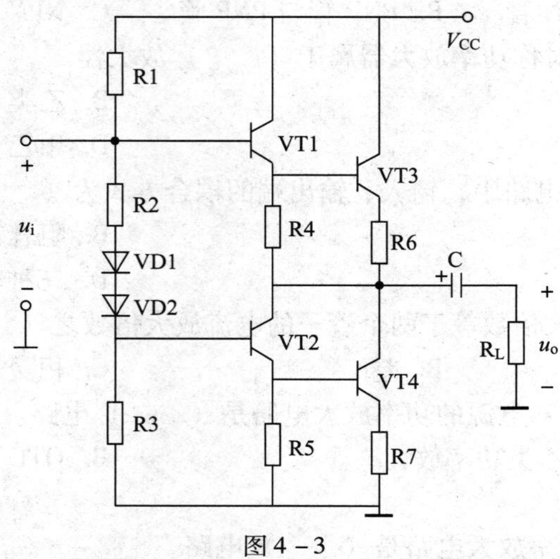

图 4－3

3. OTL 功率放大电路如图 4 - 4 所示，识读电路图并回答以下问题：

（1）指出该电路中的“自举”元件并分析自举原理。

（2）理想情况下，负载 R_L上可以获得的最大输出功率为多少？

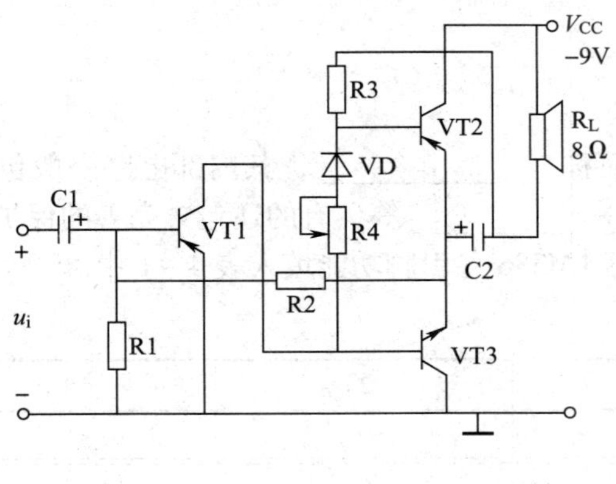

图 4 - 4

课题二　用 LM386 构成的集成功率放大电路的安装与检测

一、填空题

1. 集成功率放大器简称______________，其内部电路一般包含________、________、________和____________等，有的还包含完善的保护电路。

2. 将集成功率放大器 LM386 各引脚功能填入表 4－1 中。

表 4－1

引脚号	1	2	3	4
功能				
引脚号	5	6	7	8
功能				

3. 为了提高输出功率和电源利用率，可用两只集成功率放大器接成桥式功率放大电路（即 BTL 功率放大电路），其输出信号幅度为单个集成功率放大器的______倍，输出功率应为单个集成功率放大器的________倍。BTL 电路________变压器和大电容，输出端与负载______________，因而改善了频率特性。

二、综合题

1. 图 4－5 所示为集成功率放大器 LM386 的典型应用电路，识读电路图并回答以下问题：

（1）该电路为何种形式的功率放大电路？

（2）与负载并联的 R1、C2 支路起何作用？

（3）电容 C5 起何作用？

（4）引脚 1、8 之间接入 R2、C3 起何作用？

（5）如果 R2 电阻值减小，对电路有何影响？

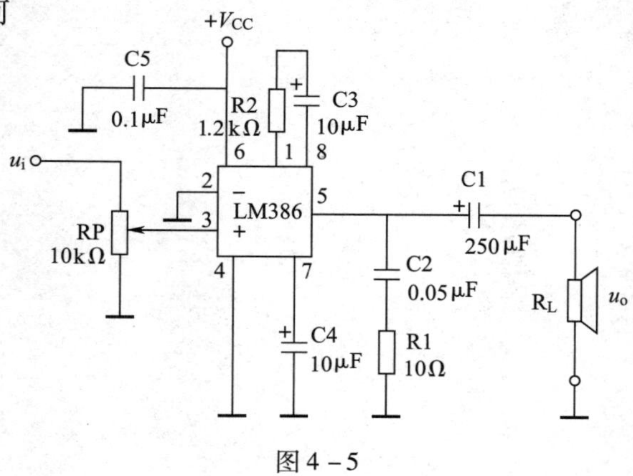

图 4－5

2. 图 4-6 所示为集成功率放大器 TDA2030A 的应用电路，识读电路图并回答以下问题：

（1）该电路为何种形式的功率放大电路？

（2）R1、R2、C2 引入何种类型的反馈？如果 R2 电阻值减小，对电路电压增益有何影响？

（3）二极管 VD1、VD2 起何作用？

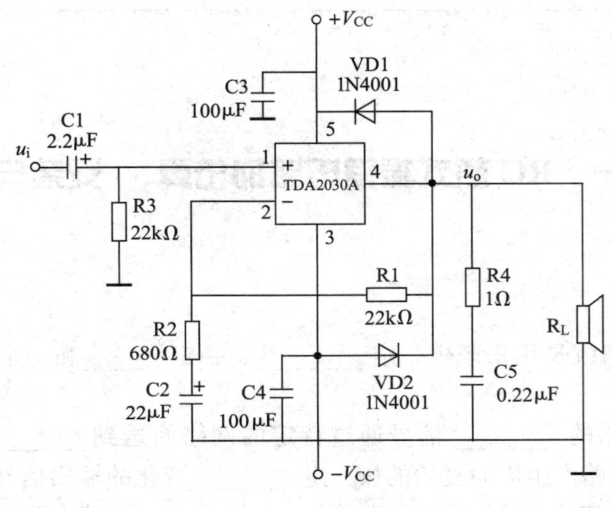

图 4-6

模块五　信号发生电路

课题一　RC 桥式振荡电路的仿真、安装与检测

一、填空题

1. 波形发生电路就是用来产生一定________、一定______和一定____________波形的电路。

2. 若将放大电路的________信号通过特定的网络回送到________端，能完全取代________信号，使电路产生周而复始的按一定________变化的输出信号，就可认为电路产生了振荡。能产生正弦波信号的振荡电路称为____________振荡电路。

3. 振荡电路必须引入__________反馈，即____________与____________的总相移必须等于 2π 的__________。

4. 振荡电路中选频网络的作用是确定电路的__________，使电路产生单一频率的________。

5. 振荡电路应同时满足________平衡条件和________平衡条件才有可能起振。

6. 振荡电路除满足相位平衡条件之外，起振时需满足____________，起振后，当满足____________时，输出将维持一定的幅度做等幅振荡。

7. RC 串并联选频网络，在 $f = f_0 = \dfrac{1}{2\pi RC}$ 时，u_f 与 u_o 相位相同，反馈系数 $F =$______，因此，RC 桥式振荡电路中的放大电路必须满足电压放大倍数 $A =$________，相位差为________，才能满足振荡平衡条件。

二、判断题

1. 正弦波振荡电路起振必须依靠外部输入的交流信号。（　　）
2. 振荡电路必须同时满足振幅平衡和相位平衡条件才能产生自激振荡。（　　）
3. 为了使振荡电路产生规定频率的信号，必须有选频网络。（　　）
4. RC 桥式振荡电路采用两级放大电路的目的是实现同相放大。（　　）
5. 振荡电路中只要引入了负反馈，就不会产生振荡信号。（　　）

6. 稳幅环节的作用是使输出信号幅值稳定。 (　　)

7. 振荡电路可以依靠非线性器件实现稳幅。 (　　)

8. 振荡电路都必须具有正反馈。 (　　)

9. 正弦波振荡电路是一种能量发生器。 (　　)

10. 正弦波振荡电路中放大电路的作用是满足振荡的相位条件。 (　　)

三、选择题

1. 正弦波振荡电路是实现（　　）的电路。

A. 将交流电能转换为直流电能　　B. 将直流电能转换为交流电能

C. 对交流信号进行放大

2. 正弦波振荡电路的振荡频率取决于（　　）。

A. 反馈元件的参数　　B. 电路的放大倍数

C. 选频网络的参数

3. 为了保证正弦波振荡电路能够起振，一般取（　　）。

A. $AF \leqslant 1$　　B. $AF = 1$　　C. $AF \geqslant 1$

4. 振荡电路维持等幅振荡的条件是（　　）。

A. $AF > 1$　　B. $AF = 1$　　C. $AF < 1$　　D. $AF \geqslant 1$

5. 为了保证振荡幅度稳定且波形较好，实际的正弦波振荡电路还需要（　　）环节。

A. 屏蔽　　B. 延迟　　C. 稳幅　　D. 微调

6. 在 RC 正弦波振荡电路中，若增加选频网络 R 的阻值，则振荡频率（　　）。

A. 降低　　B. 不变　　C. 提高

7. 在 RC 正弦波振荡电路中，一般要加入负反馈支路，其主要目的是（　　）。

A. 提高输出电压　　B. 稳定静态工作点

C. 减小零点漂移　　D. 提高稳定性，改善输出波形

四、综合题

1. 将图 5－1 中各部分电路连成桥式振荡电路（图中 RT 为负温度系数热敏电阻）。

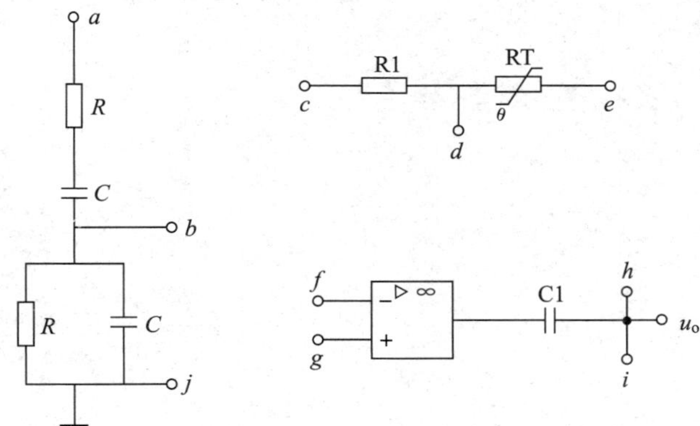

图 5－1

2. RC 桥式振荡电路如图 5－2 所示，已知 $C=1\ \mu\text{F}$，$1\ \text{k}\Omega \leqslant \text{R} \leqslant 10\ \text{k}\Omega$。

（1）求振荡频率的调节范围。

（2）设 RT 为正温度系数热敏电阻，试说明电路的起振过程和稳幅过程。

（3）设 RT＝300 Ω，求 R_1。

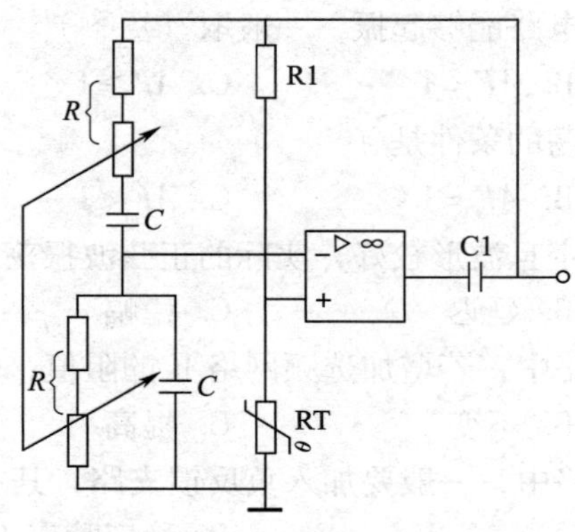

图 5－2

课题二　电容三点式振荡电路的安装与检测

一、填空题

1. 常用的 LC 正弦波振荡电路有____________式、____________式和____________式三种，它们的共同特点是都用____________回路作为选频网络。

2. 产生低频正弦波一般可用________振荡电路，产生高频正弦波可用________振荡电路。

3. 在变压器反馈式振荡电路中，____________实现了放大作用，____________实现了正反馈作用，____________实现了选频作用。

4. 在三点式 LC 振荡电路的交流等效电路中，LC 谐振回路的三个引出端分别与三极管的__________相连。其与发射极相连的为两个相______性质电抗，与基极相连的为两个相______性质电抗。这一接法俗称____________，凡是按这一法则连接的三点式振荡电路，必定满足相位平衡条件。

5. 在电感三点式振荡电路中，反馈电压取自____________，输出信号中含有的高次谐波较________，波形较________。

6. 在电容三点式振荡电路中，反馈电压取自____________，输出信号中含有的高次谐波较________，波形较________。

二、判断题

1. 电感三点式振荡电路的输出波形比电容三点式振荡电路的输出波形好。（　　）
2. 振荡电路一般分为正反馈振荡电路和负反馈振荡电路。（　　）
3. 振荡的实质是把直流电能转变为交流电能。（　　）
4. 电感三点式振荡电路的振荡频率比电容三点式振荡电路的振荡频率高。（　　）
5. 图 5－3 所示电路可能产生正弦波振荡。（　　）

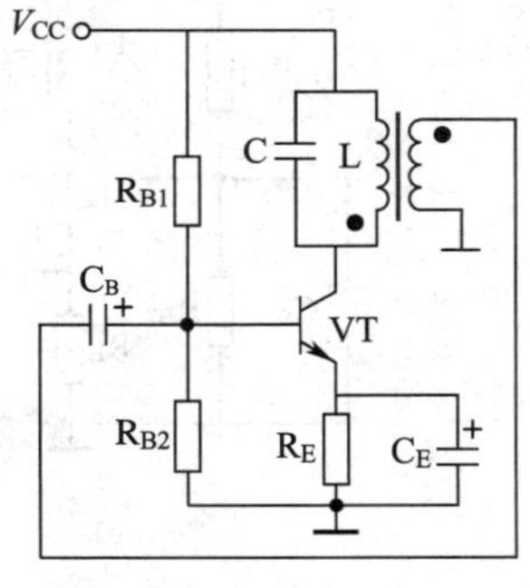

图 5－3

6. 图 5－4 所示电路不可能产生正弦波振荡。（ ）

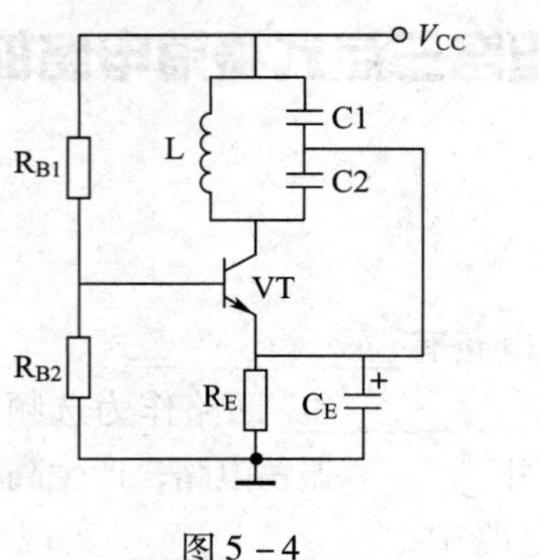

图 5－4

三、选择题

1. 在 LC 正弦波振荡电路中，若减小选频网络 C 的容量，则振荡频率（ ）。
   A. 提高　　B. 不变　　C. 降低
2. 在 LC 正弦波振荡电路中，稳幅环节是依靠（ ）实现的。
   A. 负反馈网络
   B. 三极管的非线性
   C. 选频网络
3. 制作频率为 20 Hz～20 kHz 的音频信号发生电路应采用（ ）正弦波振荡电路。
   A. LC　　B. RC　　C. 石英晶体
4. 制作频率非常稳定的测试信号源应采用（ ）正弦波振荡电路。
   A. LC　　B. RC　　C. 石英晶体

四、综合题

1. 判断图 5－5 所示各振荡电路能否满足相位平衡条件。

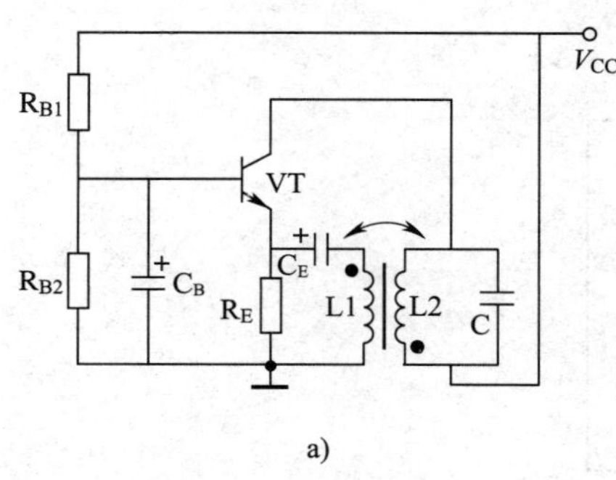

a)

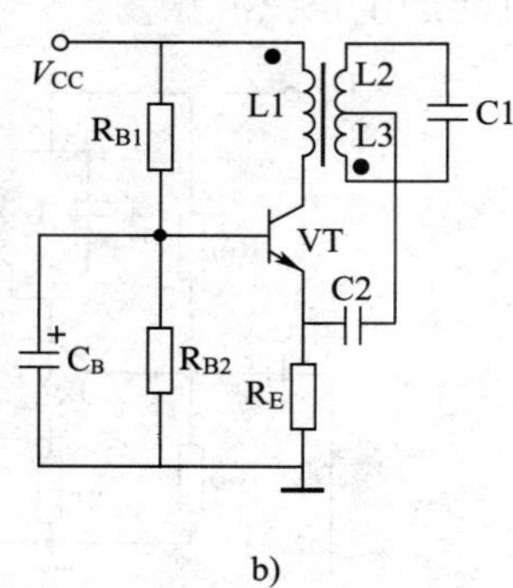

b)

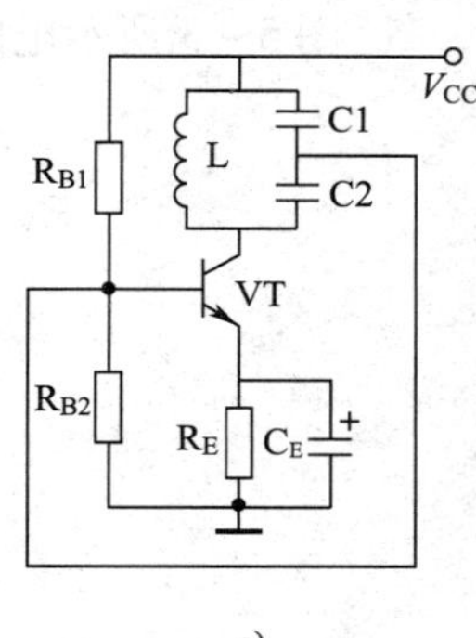

c)

图 5－5

2. 图 5-6 所示为某电视机中的振荡电路，试画出其交流等效电路。

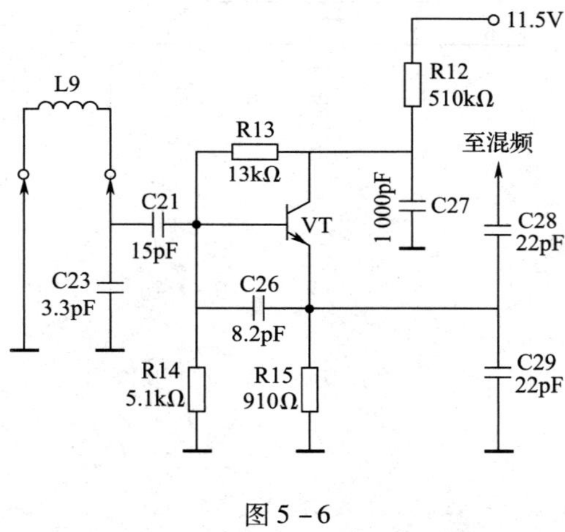

图 5-6

3. 电感三点式振荡电路如图 5－7 所示。已知 $L_1 = 100\ \mu H$，$L_2 = 200\ \mu H$，L1、L2 的互感系数 $M = 300\ \mu H$，$C_4 = 20\ pF$。

（1）画出该电路的交流等效电路。

（2）计算振荡频率。

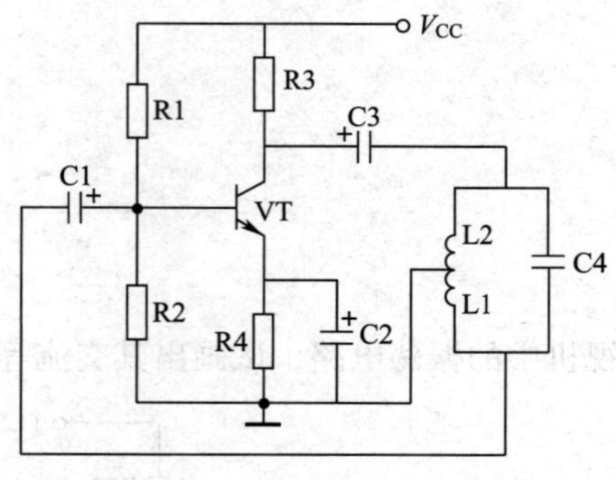

图 5－7

4. 图 5－8 所示为某超外差收音机中的本振电路。

（1）说明振荡电路类型及各元件的作用。

（2）在图中标出变压器的同名端。

（3）设 $C_4 = 20$ pF，计算振荡频率的调节范围。

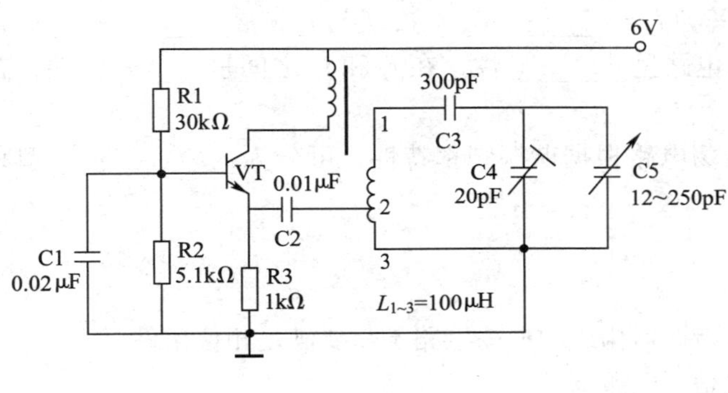

图 5－8

课题三　石英晶体振荡电路的安装与检测

一、填空题

1. 石英晶体谐振器简称________。当在石英晶片两侧加上交变电场时，晶片将会产生相应频率的____________；反之，当施加机械力使晶片产生____________时，晶片两侧间也会出现相应的____________，这种物理现象称为压电效应。一般情况下，无论是机械振动还是交变电场，其振幅都很小。

2. 石英晶体的固有频率只与晶片的__________和__________有关。当外加交变电场的频率与石英晶体的固有频率相等时，振幅会骤然增大，这就是石英晶体的____________。产生压电谐振时的频率称为石英晶体的____________。

3. 石英晶体谐振器有两个谐振频率，即__________谐振频率（f_s = ____________）和__________谐振频率（f_p = ____________），f_s与f_p非常____________，当石英晶体谐振器频率$f=f_s$时，等效电路呈________性，在f_s和f_p之间呈________性，在此区域之外均呈________性。

4. 石英晶体振荡电路根据谐振频率特性，可分为____________型和____________型两种形式。

二、判断题

1. 由石英晶体谐振器构成的振荡电路不需要满足相位条件。（　　）
2. 压电效应就是压电振荡。（　　）
3. 石英晶体谐振器的并联谐振频率与串联谐振频率是相同的。（　　）
4. 石英晶体振荡电路工作在感性区。（　　）
5. 石英晶体振荡电路的最大优点是振荡频率高。（　　）
6. 把电容三点式振荡电路中的电感换成石英晶体谐振器，电路则变为串联型石英晶体振荡电路。（　　）
7. 串联型石英晶体振荡电路的振荡频率等于石英晶体谐振器的串联谐振频率。（　　）

三、选择题

1. 石英晶体的固有频率与晶片的（　　）有关。

A. 质量　　B. 几何尺寸和电极面积　　C. 体积

2. 石英晶体谐振器在电路中的作用是（　　）。

A. 放大　　B. 选频　　C. 稳幅

3. 串联型石英晶体振荡电路的振荡频率是石英晶体谐振器的（　　）频率。

A. 并联谐振　　B. 串联谐振　　C. 固有

4. 串联型石英晶体振荡电路中，石英晶体呈（　　）。

A. 感性　　B. 容性　　C. 纯阻性

5. 并联型石英晶体振荡电路中，石英晶体呈（　　）。

A. 感性　　B. 容性　　C. 纯阻性

四、综合题

1. 图 5－9 所示电路中j、k、m三点应如何连接才能使电路产生振荡？为什么？

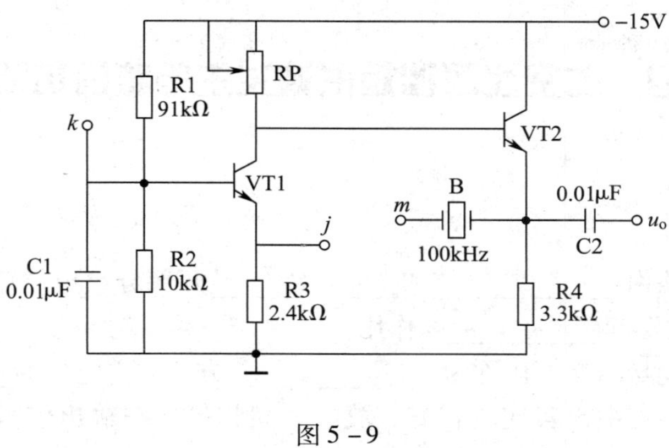

图 5-9

2. 判断图 5-10 所示电路能否满足起振条件。如果能够起振，那么它属于串联型还是并联型？石英晶体在电路中各起什么作用？

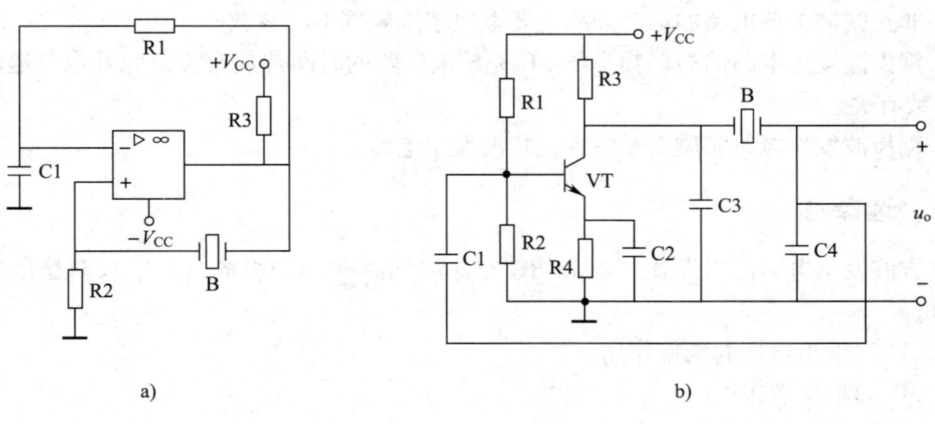

图 5-10

课题四　占空比可调矩形波发生电路的仿真分析

一、填空题

1. 方波发生电路由____________和____________两部分组成，输出端所接双向稳压二极管对输出电压波形起____________作用。

2. 矩形波的宽度与周期之比称为____________，方波的占空比为____________。

3. 在方波发生电路中，若使电容充、放电时间相等，则输出信号为________波；若使电容充、放电时间不等，则输出信号便为________波。

4. 锯齿波发生电路的组成与三角波发生电路相似，区别在于锯齿波发生电路的________电路中电容的充放电时间常数________。

二、判断题

1. 非正弦信号发生电路的起振条件与正弦信号发生电路一样。（　　）

2. 非正弦信号发生电路只要反馈信号能使比较电路状态发生变化，即能产生周期性的振荡。（　　）

3. 在方波发生电路中，若使电容充放电时间不相等，则输出信号便为矩形波。（　　）

4. 非正弦波振荡电路的振荡频率主要取决于选频网络的参数。（　　）

5. 锯齿波发生电路的振荡频率与 RC 充放电回路的时间常数有关，此外也与迟滞比较器的参数有关。（　　）

6. 锯齿波发生电路实质上是一种三角波发生电路。（　　）

三、选择题

1. 方波发生电路由迟滞比较器和 RC 充放电回路两部分组成，其中双向稳压二极管（　　）。

A. 对输出电压起稳幅作用

B. 起负反馈作用

C. 对输入电压起限幅作用

2. 三角波发生电路由（　　）组成。

A. 迟滞比较器和 RC 充放电回路

B. 迟滞比较器和积分电路

C. 积分电路和 RC 充放电回路

3. 锯齿波发生电路由占空比可调的矩形波发生电路和（　　）组成。

A. 积分电路　　　　B. 微分电路　　　　C. 积分和微分电路

四、综合题

锯齿波发生电路如图 5－11 所示，识读电路图并回答以下问题：

（1）当 u_{o1} 输出为正值时，哪一只二极管导通？

（2）当 u_{o1} 输出为负值时，哪一只二极管导通？

（3）当电位器 RP2 的滑动端调在中间位置时，u_{o1} 输出什么波形？u_{o2} 输出什么波形？

（4）当电位器 RP2 的滑动端偏离中间位置时，u_{o1} 输出什么波形？u_{o2} 输出什么波形？

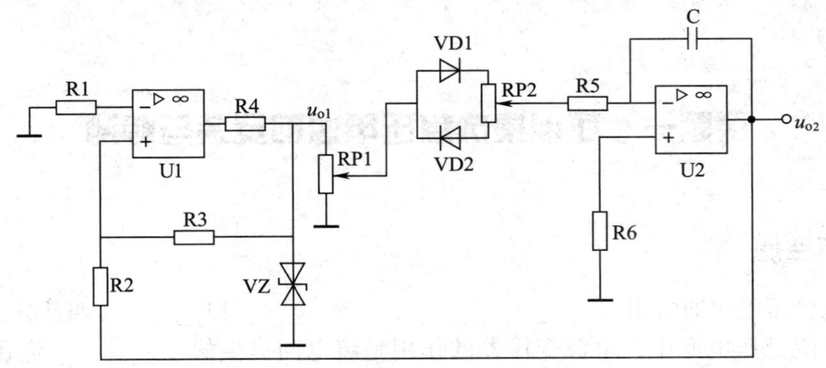

图 5－11

模块六　直流稳压电源

课题一　可调集成稳压电源的安装与检测

一、填空题

1. 直流稳压电源通常由________、________、________和________四部分组成。

2. 在直流稳压电源中，电源变压器的作用是将电网提供的__________电压变换成符合整流电路需要的___________电压，一般都采用________变压器。

3. 用分立元件组成的串联型直流稳压电源由______________、______________、______________和______________四个部分组成。

4. 串联型直流稳压电源中的调整管接成________输出形式，它与负载 R_L ______联。

5. 在直流稳压电源中，为了使调整管能够起到________作用，其必须工作在______状态。

6. 集成稳压器按稳压原理不同，可分为________调整式、________调整式、________调整式；按引出端数目不同，可分为________集成稳压器和________集成稳压器；按输出电压是否可调，可分为________集成稳压器和________集成稳压器。

7. 三端固定式集成稳压器有________端、________端和________端三个引出端，三端可调式集成稳压器三个引出端分别为________端、________端和________端。

8. 78××系列集成稳压器输出固定______电压，79××系列集成稳压器输出固定______电压，×17 系列集成稳压器输出________电压，×37 系列集成稳压器输出________电压。

二、判断题

1. 串联型直流稳压电源中的电压调整管工作在开关状态。　（　　）

2. 直流稳压电源只能在电网电压变化时使输出电压基本不变，而当负载变化时不能起到稳压作用。　（　　）

3. 串联型直流稳压电源的输出电压与取样电压有关。　（　　）

4. 78 系列和 79 系列集成稳压器的引脚排列顺序是不同的。　（　　）

5. CW7912 集成稳压器是输出 -12 V 电压的固定三端式集成稳压器。　（　　）

6. CW337M 集成稳压器是可以输出 1.25 ~ 37 V 电压的可调三端式集成稳压器。 (　　)

7. 两只型号和参数相同的集成稳压器可以并联使用。 (　　)

8. 78L × ×系列三端集成稳压器的输出电流为 0.5 A。 (　　)

三、选择题

1. 串联型直流稳压电源的调整管工作在（　　）区。

A. 截止　　B. 饱和　　C. 放大

2. 串联型直流稳压电源中的基准电压一般取自（　　）。

A. 取样电路

B. 稳压二极管两端

C. 比较放大电路

3. 串联型直流稳压电源实际上是一种（　　）电路。

A. 电压串联负反馈　　B. 电压并联负反馈

C. 电流并联负反馈　　D. 电流串联负反馈

4. 串联型直流稳压电源中的放大环节放大的对象是（　　）。

A. 基准电压

B. 取样电压

C. 基准电压与取样电压之差

5. 若把串联型直流稳压电源中的放大环节换成集成运算放大器电路，则集成运算放大器必须工作在（　　）。

A. 线性区　　B. 非线性区　　C. 线性区或非线性区

6. CW317 集成稳压器的输出电压在（　　）V 范围内连续可调。

A. 5 ~ 24　　B. 1.25 ~ 37

C. －1.25 ~ －37

7. 集成稳压器中固定输出 5 V 正电压、最大电流为 0.5 A 的型号是（　　）。

A. CW79M05　　B. CW78M05

C. CW78P05

8. 三端集成稳压器应用电路如图 6－1 所示，这是一个扩展输出（　　）的电路。

A. 电流　　B. 电压　　C. 电阻

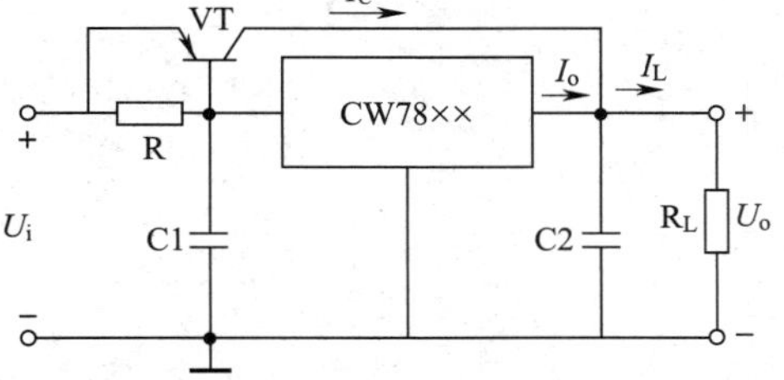

图 6－1

9. 图 6－1 所示电路中，已知 I_C =5. 5 A，稳压器的输出电流 I_o 为 1. 5 A，则输出电流 I_L 为（　　）A。

A. 3　　　　B. 5. 5　　　　C. 7

四、综合题

1. 简述当电网电压降低或负载电阻减小时，具有放大环节的串联型直流稳压电源的稳压过程。

2. 在图 6－2 所示电路调试过程中发现以下问题，试分析可能原因。

（1）输出电压为零，调节 RP1 已无效。

（2）输出电压偏高，调不下来。

（3）输出电压偏低，调不上去。

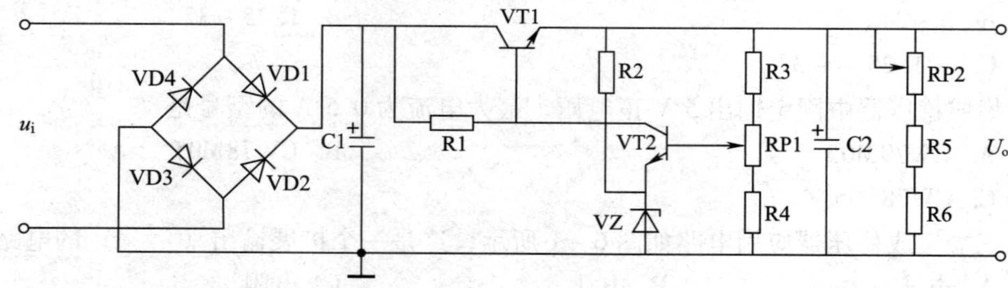

图 6－2

3. 图 6 - 3 所示电路中，已知 $R_1 = 240\ \Omega$，$R_P = 0 \sim 3\ k\Omega$，输出端与调整端之间的固定输出电压为 1.25 V，试求输出电压的调节范围。

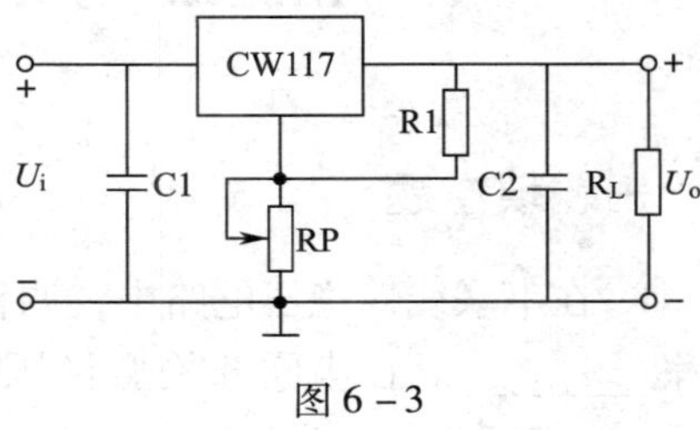

图 6 - 3

4. 指出图 6 - 4 所示电路中的错误，并画出改正后的电路图。

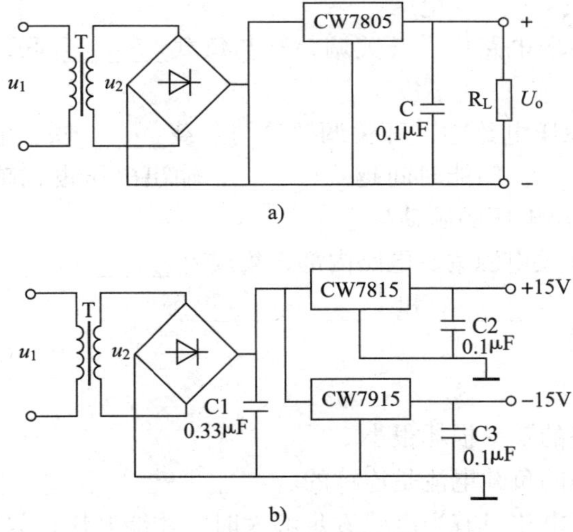

图 6 - 4

课题二　开关型稳压电源的安装与检测

一、填空题

1. 在串联线性稳压电路中，调整管始终工作在__________状态，功率损耗________，效率________。在串联开关型稳压电路中，调整管工作在__________状态，功率损耗______，效率________。

2. 在串联开关型稳压电路中，通过改变开关调整管的________来调节脉冲________，从而实现稳压。

3. 串联开关型稳压电路的负载电流是输入电压通过____________和________轮流提供的。

4. 开关型稳压电路是将输入的________电压转换成__________电压，再将__________电压经 LC 滤波电路转换成________电压。

5. 在串联开关型稳压电路中，开关调整管与负载________联，输出电压总是______输入电压。

6. 在并联开关型稳压电路中，开关调整管与负载______联，输出电压________输入电压；电感 L 越________，储能时间越________，输出电压也就越大于输入电压；电容 C 容量越________，输出电压的脉动越小。

7. 在 TOP Switch 开关电源集成电路内部，集成有______________、______________、______________、______________和______________等。

二、判断题

1. 开关型稳压电路的功率损耗很小。（　　）

2. 开关型稳压电路的负载电流是连续的。（　　）

3. 并联开关型稳压电路只有当电感 L 足够大时，才能升压；只有当电容 C 足够大时，输出电压的脉动才可能足够小。（　　）

4. 开关型稳压电路中的滤波电路还具有存储能量的作用。（　　）

三、选择题

1. 开关型稳压电路中的调整管工作在（　　）状态。

A. 放大　　B. 饱和　　C. 开关

2. 开关型稳压电路的输出电压与控制脉冲的（　　）成正比。

A. 正脉冲宽度　　B. 负脉冲宽度　　C. 周期

3. 可以实现输出电压大于输入电压的稳压电路是（　　）。

A. 串联型稳压电路　　B. 串联开关型稳压电路

C. 并联开关型稳压电路

4. 串联开关型稳压电路中续流二极管与负载的连接方式是（　　）。

A. 串联　　B. 并联　　C. 不确定

5. 开关型稳压电路中调整管与续流二极管的工作方式是（　　）。

A. 同时工作　　B. 轮流工作　　C. 不确定

6. 对取样电压与基准电压的差值进行放大的是（　　）电路。

A. 调制　　B. 三角波发生　　C. 比较放大

四、综合题

根据图 6－5 所示串联开关型稳压电路结构框图，说明当输出电压 U_o变化时，电路的稳压过程（其中 T_{on}表示开关调整管的导通时间）。

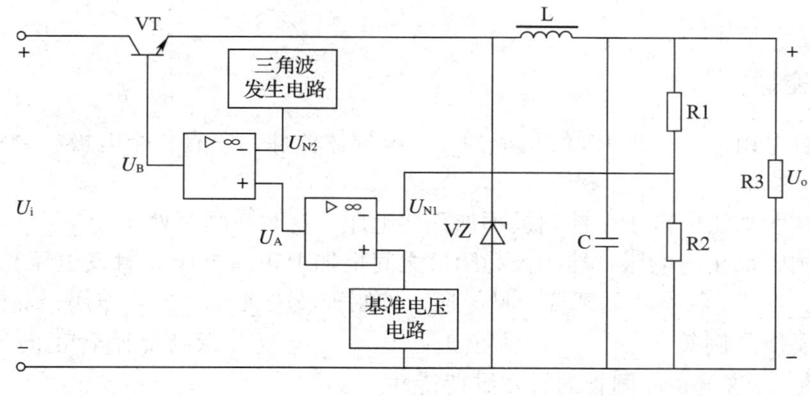

图 6－5

（1）当输出电压 U_o升高时，稳压过程如下（在括号中填写↓或↑）：

U_o ↑ → U_{N1} （　） → U_A （　） → T_{on} （　）

U_o （　） ←

（2）当输出电压 U_o降低时，稳压过程如下（在括号中填写↓或↑）：

U_o ↓ → U_{N1} （　） → U_A （　） → T_{on} （　）

U_o （　） ←

模块七　晶闸管及其应用

课题一　晶闸管、单结晶体管的识别与检测

一、填空题

1. 晶闸管是由______个 PN 结构成的一种半导体器件，它有三个电极，分别是______极、________极和__________极。

2. 给晶闸管加正向电压，控制极不加正向电压，这时晶闸管处于__________状态。

3. 给晶闸管加正向电压，控制极和阴极之间也加上正向电压（触发电压），这时晶闸管处于____________状态。晶闸管一旦导通，控制极就失去________作用，晶闸管由导通转为截止必须使晶闸管________电流小于________电流（保持晶闸管正向导通的最小________电流），这就是晶闸管的触发维持特性。

4. 如果在晶闸管阳极与阴极之间加________电压，此时不管控制极的状况如何，晶闸管始终________，这就是晶闸管的反向阻断特性。

5. 正向重复峰值电压是在控制极________的条件下，允许________作用在晶闸管上的最大________电压。

6. 晶闸管的种类很多，按关断、导通及控制方式分类，有________型、________型、____________型、________型、________型等；按关断和导通转换速度分类，有________型、________型等。

7. 单结晶体管也称__________晶体管，它只有________个 PN 结，有三个电极，分别为________极、________极、________极。

8. 负阻特性是指________电压增大到某一数值后，____________越大，________端的等效________越小的特性。

二、判断题

1. 晶闸管和晶体三极管都能用小电流控制大电流，因此，它们都具有放大作用。（　　）

2. 晶闸管不仅具有反向阻断能力，还具有正向阻断能力。（　　）

3. 晶闸管只要阳极电流小于维持电流就能关断。 (　　)

4. 晶闸管触发导通后，控制极仍有控制作用。 (　　)

5. 单向晶闸管的阳极与阴极之间无论加正向电压还是反向电压，只要控制极与阴极之间加正向触发电压，就能使晶闸管导通。 (　　)

6. 单向晶闸管的控制极与阴极之间是一个 PN 结。 (　　)

7. 单结晶体管只有一个 PN 结。 (　　)

三、选择题

1. 晶闸管阳极与阴极之间加正向电压，晶闸管（　　）导通。

A. 一定　　B. 不一定　　C. 一定不能

2. 单向晶闸管和半导体二极管相比，（　　）特性是相同的。

A. 正向阻断　　B. 触发维持　　C. 反向阻断

3. 单向晶闸管由截止转为导通必须在控制极与阴极之间加（　　）电压。

A. 正向　　B. 反向　　C. 任意

4. 晶闸管导通后流过的电流取决于（　　）。

A. 电路中负载的大小　　B. 晶闸管的额定正向平均电流

C. 晶闸管阳极与阴极之间电压的大小

5. 在环境温度小于 40 ℃和标准散热条件下，允许连续通过晶闸管阳极的工频（50 Hz）正弦波半波电流的平均值是（　　）。

A. 额定正向平均电流　　B. 维持电流

C. 触发电流

6. 在控制极开路的条件下，允许重复作用在晶闸管上的最大反向电压是（　　）。

A. 触发电压　　B. 正向重复峰值电压

C. 反向重复峰值电压

7. 在室温下，阳极和阴极之间加 6 V 正向电压时，使晶闸管从阻断到完全导通，控制极与阴极之间所需的最小直流电流是（　　）。

A. 维持电流　　B. 触发电流　　C. 额定正向平均电流

8. 单结晶体管的主要技术参数是（　　）。

A. 放大倍数　　B. 饱和电流　　C. 分压比

四、综合题

1. 简述用指针式万用表检测单向晶闸管触发维持特性的方法。

2. 简述用万用表识别单结晶体管电极的方法。

3. 简述图 7－1 所示电路的工作原理。

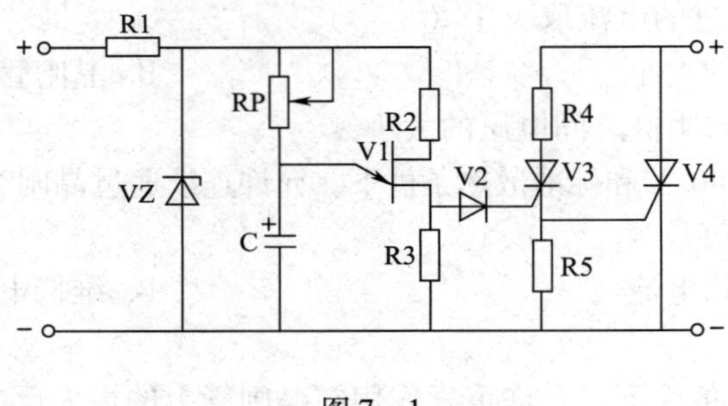

图 7－1

课题二　晶闸管调光电路的安装与检测

一、填空题

1. 在晶闸管控制极加上触发脉冲使晶闸管开始导通的角度 α 称为________角。在 0 ~ α 期间，晶闸管处于____________状态。$\pi-\alpha$ 被称为晶闸管的________角，用 θ 表示。

2. 触发脉冲在一个周期内可以产生______个，但是只有第________个脉冲对晶闸管起作用。

3. 主电路要求触发电压发出的________能够平稳地前后________，同时要求有一定的移相范围，以满足控制需要，一般移相范围为________。

4. 利用单结晶体管的________特性和 RC ________特性，可以组成________可变的锯齿波振荡电路。

5. 控制角越大，导通角越________，输出的平均电压越________；控制角越小，导通角越__________，输出的平均电压越__________。当 $\alpha=0$ 时，导通角 $\theta=\pi$，称为________。

6. 晶闸管上的电源电压与单结晶体管的电源电压必须同________、同________，这样才能保证触发电路与主电路之间的________。

二、判断题

1. 为了实现主电路与触发电路之间的同步，加在晶闸管上的电源电压与加在单结晶体管上的电源电压必须同频、同相。（　　）

2. 晶闸管由阻断转变为导通，除了要求在阳极和阴极之间加正向电压外，还要求在控制极和阴极之间加合适的触发电压。（　　）

3. 触发电压要求有一定的移相范围，以满足控制需要，一般移相范围为 90°。（　　）

4. 单结晶体管不具有单向导电性。（　　）

5. 改变单结晶体管触发电路中的电容量可以改变触发信号的大小。（　　）

6. 改变单结晶体管触发电路中的电容量可以改变晶闸管输出的平均电压。（　　）

三、选择题

1. 单结晶体管触发电路输出脉冲的频率取决于（　　）。
   A. RC 电路的充、放电时间常数　　B. 电源电压
   C. 单结晶体管的分压比

2. 单结晶体管触发电路用于实现对晶闸管的（　　）作用。
   A. 放大　　B. 控制　　C. 延时

3. 单结晶体管触发电路中，与放电时间相比，充电时间（　　）。

A. 长　　B. 短　　C. 相等

4. 晶闸管的导通角越小，输出平均电压越（　　）。

A. 高　　B. 低　　C. 不确定

5. 晶闸管控制角的变化范围是（　　）。

A. 0°～90°　　B. 0°～180°　　C. 0°～360°

6. 在单相半控桥式整流电路中，要提高负载平均电压，可以采取的方法是（　　）。

A. 增大控制角　　B. 增大导通角　　C. 增大触发电压

7. 晶闸管在交流电正半周未加触发信号阶段，处于（　　）状态。

A. 正向阻断　　B. 触发导通　　C. 反向阻断

8. 晶闸管利用交流电的（　　）实现由导通状态转变为阻断状态。

A. 正半周　　B. 过零点　　C. 负半周

9. 晶闸管在交流电负半周加触发信号阶段，处于（　　）状态。

A. 正向阻断　　B. 触发导通　　C. 反向阻断

四、综合题

1. 已知变压器二次电压有效值 $U_2=100\ \text{V}$，分别计算用普通二极管组成桥式整流电路和用晶闸管组成半控桥式整流电路（$\alpha=60°$）时，输出直流电压的平均值。

2. 已知变压器二次电压有效值 $U_2=220\ \text{V}$，如希望输出直流电压平均值在 100～190 V 范围内连续可调，单向晶闸管的导通角范围应是多少？

课题三　触摸式电风扇调速器的安装与检测

一、填空题

1. 双向晶闸管的功能相当于一对____________的单向晶闸管，允许电流从________个方向通过。它有三个电极，分别称为____________、____________和____________。

2. 双向晶闸管的________极无论加正向电压还是反向电压，其________极的触发信号无论是正向还是反向，晶闸管都能触发导通；双向晶闸管导通后，除去触发信号，________继续保持导通；当晶闸管工作电流小于__________，或主电路外加电压________时，双向晶闸管将截止。

3. 双向二极管的功能相当于两只__________的普通二极管。

4. 逆变是________的逆过程，即把________流电变换为________流电。逆变器可分为______源逆变器和________源逆变器两大类。

5. 将某一频率的电源转换成另一频率（或频率可调）的电源称为______。变频器可分为__________变频器和__________变频器两大类。

二、判断题

1. 将单相桥式整流电路中的两只整流二极管改换成晶闸管后，就成为单相半控桥式整流电路。（　　）

2. 只要晶闸管被触发导通，电路就能起到整流的作用，这一点与桥式整流电路是一致的。（　　）

3. 双向晶闸管的控制极加正、负触发信号都能导通。（　　）

4. 将万用表置“R×1 k”电阻挡，测量双向二极管正、反向电阻应该都较大。（　　）

5. 在电感性负载两端常并联一只二极管，用于释放电感中的能量，这只二极管称为整流二极管。（　　）

6. 续流二极管在可控整流电路的整个工作期间一直导通。（　　）

7. 可控整流电路中的晶闸管通常都是利用输入电压过零来实现由导通转为阻断的。（　　）

三、选择题

1. 关于双向晶闸管导通条件的叙述，正确的是（　　）。

A. 主电极加正向电压，控制极加正向电压

B. 主电极加正向电压或反向电压，控制极加正向电压

C. 主电极加正向电压，控制极加正向电压或反向电压

D. 主电极加正向电压或反向电压，控制极加正向电压或反向电压

2. 在感性负载可控整流电路中，为了释放电感中的能量，常在感性负载两端并联（　　）。

A. 电容　　B. 电阻　　C. 续流二极管

四、综合题

1. 图 7－2 所示为晶闸管调光电路，试比较说明哪一个电路的调光性能更好。

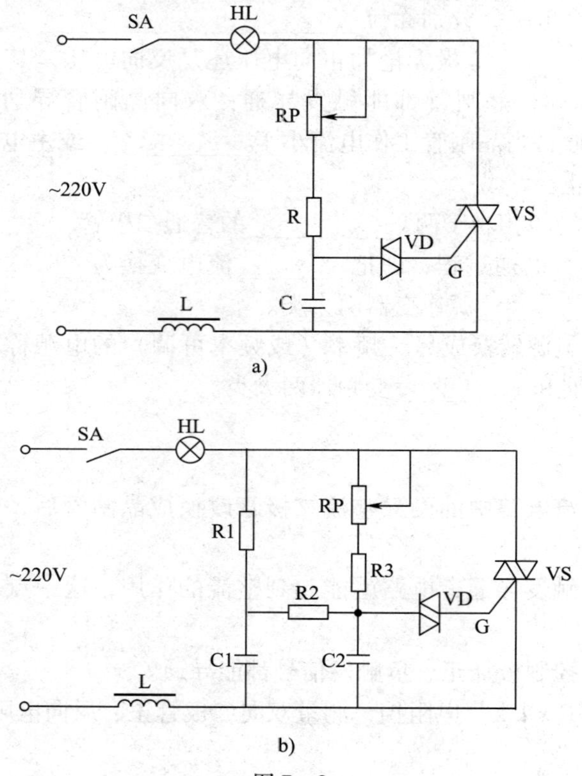

图 7－2

2. 设计一个双向晶闸管组成的调压器，用于 900 W/220 V 电热器的温度调节，试确定所用晶闸管的额定电压和额定电流。

模块八　电子综合电路的分析与制作

课题一　电子综合电路的识读

一、填空题

1. 在画直流等效电路时，可将所有电容视为________，所有电感视为________。在画交流等效电路时，电路中的耦合电容和旁路电容都可视为________，直流电源也可视为________。需要注意的是，在画交流等效电路时，对选频网络、振荡电路中的电抗元件，例如，RC 串并联选频网络中的 C，LC 谐振回路中的 L 和 C 等，必须__________。

2. 电路板上的大面积铜箔线路通常是________线。

3. 综合电路图的识读方法：一是________________________，二是______________，三是________________。

4. 划分功能块时，一般以__________或__________为核心进行划分。

5. 通过框图不仅能直观地看出电路的____________，还能分析各部分电路是如何__________来实现电路的__________的。

6. 在将印制电路板图与实际电路板对照的过程中，应将二者取________的看图方向。

二、判断题

1. 画交流等效电路时，所有电路中的电容均可视为短路。　　（　　）

2. 画直流等效电路时，所有电容均可开路，所有电感均可短路。　　（　　）

三、综合题

1. 图 8－1 所示为一种压控式防盗报警器。该芯片内储存了一种报警语音，可直接驱动蜂鸣器发声或经外接功放管推动扬声器发声，同时驱动一只 LED 闪烁。该电路由哪几部分组成？试分析电路的工作原理。

B
R1 810Ω
R2 150kΩ
V_{DD}
X
Y
VT1
R3
BZ
VT2
680Ω
M3720P
TG
S2
V_{SS}
VD5
C2
47μF
R4
120Ω
VZ
C1
390μF
VD1~VD4
T
S1
~220V

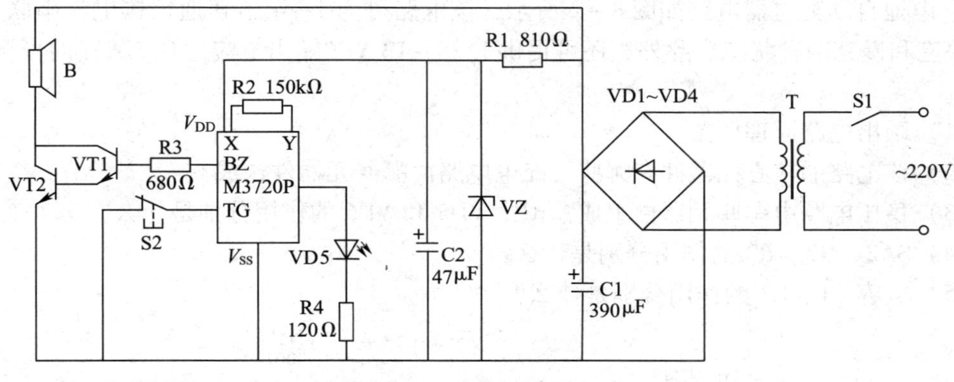

图 8－1

2. 电池自动充电器电路如图 8－2 所示，该电路可为 1～4 节普通镍镉电池串联充电，具有快充和慢充两种状态。此外，还可提供 1.25～12 V（输出电流达 0.5 A）的可调直流电源。

（1）画出电路原理框图。

（2）该电路的核心元器件有哪些？充电电路由哪些元器件构成？

（3）稳压电路由哪些元器件组成？RP、VD5 和 VD6 的作用分别是什么？

（4）SA2、R2、R3 的作用分别是什么？

（5）电容 C1、C3 的作用分别是什么？

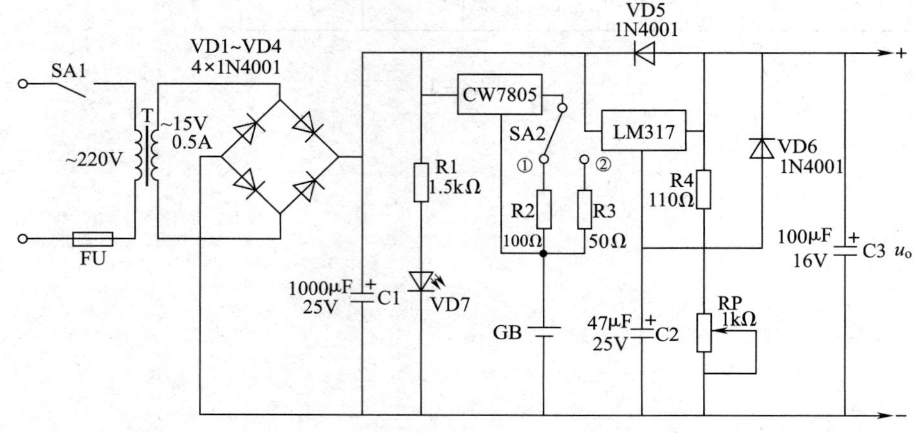

图 8－2

课题二　电子综合电路的设计、安装与调试

一、填空题

1. 电子综合电路的设计方案必须完全满足设计要求的__________和__________。

2. 针对同一课题，可能会有多种设计方案，设计者应从____________________、__________________、__________________和__________________等方面进行综合比较和评价，最后确定一种可行的方案。

3. 设计电子综合电路时，应优先选用____________________电路。

4. 绘制总体电路图一般从信号输入端开始，从________向________或从________向________按信号__________依次绘制出各单元电路。

5. 印制电路板有__________、__________和__________三种。其表面一般有三层，从上到下依次是__________、__________和__________。

6. 元器件安装应遵循__________、__________、__________、__________、先一般元器件后特殊元器件的基本原则。

7. 安装水平插装的元器件时，标记号应向______，且方向__________，以便观察。

8. 电子电路故障检修的一般步骤是：____________________，____________________，__________________，__________________，检查电路功能恢复情况。

二、判断题

1. 检测电路故障时首先应采用替换法。（　　）
2. 测电压法比较适用于判断直流通路的故障。（　　）
3. 测电流法一般用于测量直流电流，使用时应注意表笔的正、负极性不要接错。（　　）
4. 采用在线电阻测量法检测电路故障时，必须在电路断电的情况下进行。（　　）
5. 采用在线电阻测量法可以判断电容器开路故障和电感器匝间短路故障。（　　）
6. 检测电容器时，测量阻值若等于零，则该电容器可能是短路故障。（　　）
7. 检测电感器时，测量阻值若为无穷大，则该电感器可能是开路故障。（　　）

三、综合题

1. 根据图 8－3 所示印制电路板图画出电路原理图。

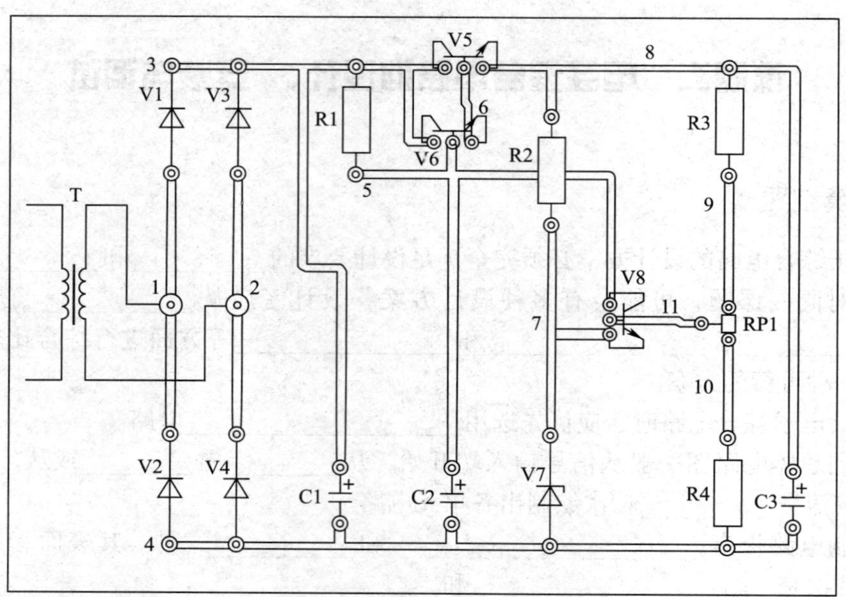

图 8－3

2. 根据图 8 - 4 所示电路图画出印制电路板图。

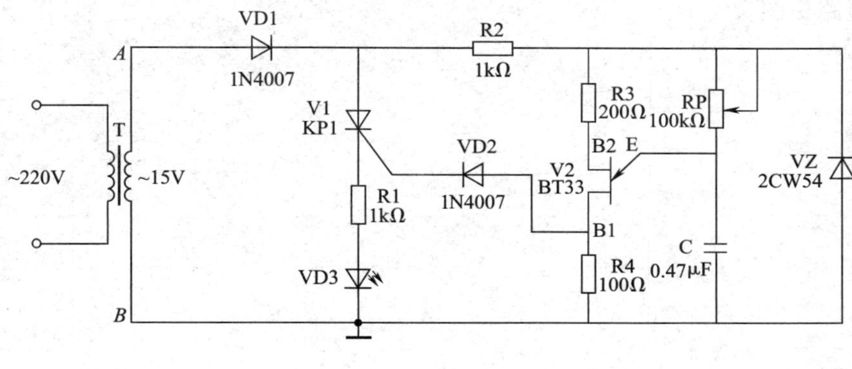

图 8 - 4

3. 根据图 8 - 2 所示电路图，使用 Multisim 仿真软件进行仿真调试，并使用 EDA 软件设计印制电路板图。